独立思考

谁在影响谁

CRITICAL THINKING

[美] 黄征宇 著

中国大百科全书出版社

北京市版权登记号：图字 01-2021-1903

图书在版编目（CIP）数据

独立思考：谁在影响谁/（美）黄征宇著. —北京：中国大百科全书出版社，2021. 5

ISBN 978-7-5202-0815-4

Ⅰ. ①独…　Ⅱ. ①黄…　Ⅲ. ①思维方法　Ⅳ. ①B804

中国版本图书馆CIP数据核字（2021）第053852号

作　　者　［美］黄征宇

出 版 人　刘国辉
策　　划　刘　嘉
责任编辑　陈　光
责任印制　邹景峰
装帧设计　**奇文雲海 Chival IDEA**
出版发行　中国大百科全书出版社
地　　址　北京阜成门北大街 17 号
邮　　编　100037
网　　址　http://www.ecph.com.cn
印　　刷　北京君升印刷有限公司
开　　本　170 毫米 ×230 毫米　1/16
字　　数　150 千字
印　　张　12.75
版　　次　2021 年 5 月第 1 版
印　　次　2021 年 5 月第 1 次印刷
定　　价　59.00 元

本书如有印装质量问题，请与出版社联系调换　电话：010-88390677

目 录
contents

序

1977 年，我出生在中国上海。上小学时，老师教育我们说社会主义制度好：19 世纪后期，清政府腐朽不堪，帝国主义列强入侵，中国人民生活在水深火热之中，后来中国共产党成立，带领中国人民推翻了帝国主义、封建主义、官僚资本主义三座大山，成立了中华人民共和国，1978 年开始推行改革开放，让中国人民的日子过得越来越好。我当时听了，觉得挺有道理的。

在家里，我时常听到爷爷奶奶吵架。在“文化大革命”期间，爷爷迫于形势，把很多家产都上缴给了红卫兵。每当提到这些事情，奶奶总是愤愤不平，进而引发争吵。我慢慢认识到，学校里教的和每个人心里想的存在差异。

10 岁的时候，我随父母到了美国。当时是 20 世纪 80 年代末，苏联面临解体，东欧开始剧变。在美国的学校里，老师指出苏联体制的诸多弊端，举了各式各样的案例，来对比证明资本主义的优越。我开始意识到：不同的国家、不同的群体有着不同的群体思维故事，个体也有不同的个体思维故事，其中有共通之处，也存在巨大差异。

在价值观方面，父母教育我要牢牢记住“对和错”“好和坏”之间的差别，教导我要做好人，做好事。在斯坦福大学读书的第一年，我选修了哲学课，当时的我觉得自己很有责任去和同学诠释所谓最为重要的、永远不变的价值观，尽管“文化相对性”可能让一些价值观在不同的国家、文化、时间发生变化。

我越试图说服同学，反而越让自己认识到：就算有不变的价值观，个体也会常常做出与此矛盾的事情。例如，十诫被基督教徒认为是上帝指示的，永远不变，其中包括不可杀生。但回看历史，不断有基督教徒打破戒律，而且很多时候破戒的往往是最忠诚的信徒。由罗马天主教教皇发动的十字军东征里，佩戴着“十字架”标记的士兵以维护宗教的名义，对地中海东岸国家发动了持续近两百年的战争，试图收复被伊斯兰教国家、突厥等占领的土地，造成了巨大的伤亡。

历史上不同的时期有着不同的群体思维故事，出现了不同的社会制度，它也像个体思维故事一样，一直处于变化中。

例如，西方民主制度最早萌芽于古希腊雅典，当时的公民使用投票的方式选出领袖。如果领袖不受拥护，公民会把有他名字的碎瓦放在瓮里，如果数量超过某个标准，领袖就会被赶走。古希腊被罗马共和国征服后，罗马共和国继承了希腊的民主制度，建立了元老院。元老院后来被恺撒削弱，实行独裁制度，再演变成世代继承式的君王制度。直到18世纪，西方国家才重新恢复了民主制度。

我开始想，个体的思维故事会变化，群体的思维故事也会变化，那我想找的永恒不变的东西到底在哪里呢？更底层的东西是什么呢？

现在所处的时代可以说是人类历史上人均寿命最长、生活环境最好、物质文明最发达的年代：一方面，战争、天灾和疾病造成的死亡人数比率是有史以来最低的；另一方面，科技快速发展为人类生活带来的便捷性和舒适性，也是此前任何历史时期所不能比拟的。尽管如此，越来越多的人过得很焦虑，很多时候都不能控制自己的情绪，常常看到获得外在成功的、很富裕或很知名的人得了忧郁症，甚至自杀。人类在外在成长上不断取得进展，有更多的科学知识及能力去改造外部世界，却发现内在成长止步不前，甚至与外在成长产生矛盾。

如何让自己的内在更加强大？

我的上一本书《思维故事：掌控人生剧本》从个体角度剖析了思维故事——这个主宰每个个体生命里90%以上时间的内部操作系统，包括它的运行方式是怎样的，如何认识它，以及如何更好地改写它。每个个体的主观世界都是由一个个思维故事串联而成的。掌握了思维故事的密码，也就有真正机会改变自己，改变人生。而本书则剖析当个体处于群体之中，思维故事又是如何运行的。

科学家很早就认识到，当个体处于群体之中，其思维、心态和举止等都会和独处时有所不同。个体思维在很大程度上受到群体思维的影响，相反，群体思维也同样受到个体思维，尤其是领袖的思维影响。个体和群体在客观的利益上有矛盾，在主观的思维上也有矛盾，形成双重性矛盾。

深入挖掘历史就会发现，任何制度都深受双重性矛盾的影响，例如建国时的美国。美国的建国者普遍具有两个特征：受过高等教育的白人男士，也是拥有土地和财富的地主或者有钱人。他们在当时属于少数群体，既担心独裁统治，也担心暴民统治。前者是指害怕暴君个体的出现，而后者则是害怕民众或多数群体发生暴动。

防止独裁统治最典型的政治制度就是三权分立下对总统权力的制约。那怎么防止暴民统治和保护少数群体的利益呢？早期的美国宪法规定：有选举权的选民必须是有地产的白人男性；其次，制定了选举人团制度，州的选举人由州议会直接任命，并不是一人一票选出来的，再由选举人代表州去投票，最终选出总统。

为了在个体利益最大化和群体利益最大化之间找到更好的平衡点，美国的建国者试图打造和寻找到更完善的社会制度，在此之上附加了相应的思维故事，正如《独立宣言》里所写的：我们认为这些真理是不言而喻的，人人生而平等，造物者赋予他们若干不可剥夺的权利，其中包括生命权、自由权和追求幸福的权利。

回看过去上千年的人类历史，生命权、自由权和追求幸福的权利可谓天方夜谭，君权神授和阶层血统的群体思维故事才被奉为真理。美国的建国者建立和推动上述崭新的思维故事，深深地影响了美国群体，延续至今已经两百多年，还在继续影响美国和世界上其他国家。

从 2008 年金融危机之后，越来越多的美国人认为，在全球化和高科技的发展浪潮中，自己不仅没有受益，反而有所损失。他们还认为财富差距在东西两岸和中部之间越变越大，穷人群体和富人群体的财富差距越变越大，中产群体和富豪群体的财富差距也越变越大。不同群体的利益最大化之间的矛盾，不同群体的思维故事之间的矛盾，在美国和世界上其他国家都有加剧。

我去过八十多个国家，接触过各式各样的群体，发现大家对未来将要发生的变化都表示担心。人类拥有或正在拥有更多的颠覆性技术，例如人工智能、基因工程、纳米技术等，可能从根本上改变个体，进而改变个体和群体之间的关系，极大地加剧人类社会中的差异。

拥有改造自己和世界的强大能力的人类要怎么改造个体和群体之间的关系，以及个体和群体之间的思维故事，以求在双重性矛盾中寻找平衡点?

人类需要合格领袖，善于运用思维故事改善个体、影响群体并进而推动整个人类群体前行。这是本书希望探讨的核心点，也希望能对读者有所启发。

第一章

个体与群体

相对又相互的双重性

引文

三国演义的开篇揭示了什么

“话说天下大势，分久必合，合久必分。”这句是中国古代四大名著之一《三国演义》第一回的开篇语。针对周朝建立至三国鼎立这段历史，作者罗贯中只用短短 14 个字，就把社会多次分合更迭变换的趋势，总结得一清二楚。之后中国乃至国际近两千年的历史轨迹依然印证着这番总结。

正如罗贯中所观察的那样，人类的历史就是在一次次的分分合合中变化、发展和形成的，这似乎已经成了必然规律。在开篇语后，罗贯中继续写道：“周末七国分争，并入于秦。及秦灭之后，楚、汉分争，又并入于汉。汉朝自高祖斩白蛇而起义，一统天下，后来光武中兴，传至献帝，遂分为三国。”周朝灭亡后，齐楚燕赵韩魏秦七雄割据，天下分裂；直至公元前 221 年，秦始皇横扫六合，成为中国史上第一个皇帝；之后的秦二世暴虐无常，大失民心，秦朝顷刻覆灭；在楚汉争霸决出胜负后，汉高祖刘邦建立了汉朝，汉朝统治中国四百零七年，被曹丕篡废，随后出现魏蜀吴，呈三足鼎立之势。

朝代更迭，分分合合，在这样的过程中，很多人类个体都遭遇冲击，甚至惹上杀身之祸。个体历来都期望置身于一个和平、富庶、强大的群体里，这是个体生存发展的必然需要，也是让群体得以巩固发展和不断强大的根本原因。然而，群体往往在达到一定的稳定之后，滋生出越来越严重的腐败、剥削、分化、冲突等问题，原因是某些个体不断为自身谋求更大利益的同时，损害了整个群体及其他个体的利益（与前者相对比，剩余的个体也可以看作组成了一个个群体）。当问题一旦失控，或积累超过某个临界点，就会爆发冲突，瓦解当前群体。

旧的群体被推翻了，却不代表个体不再需要群体，重建更符合需求的群体依然是个体的利益所系。于是，每当此时，为了再次形成统一的群体、组织或国家，就会有个体站出来推翻旧的领导者、制度或政权，产生或建立新的。在这个过程中，各种手段都可能被使用上，包括暴力。

可见，个体利益最大化与群体利益最大化之间的矛盾，始终贯穿在个体与群体的关系之中，导致人类历史出现一次次的轮回。

如果把个体利益与群体利益看作是天平的两边，很多人觉得，只要每个个体都能兼顾个体利益和群体利益，就能使天平保持平衡，而且良好的群体也确实会让个体有所受益。道理并不难懂，但为什么分分合合的历史一次次重演，在群体中永远会有个体因为谋求自身利益，成为害群之马，连累了整个群体？

的确可以把两者关系比作天平，但也要认识到，天平其实是永远摆不平的。在现实当中，两边会不断地寻找平衡点，但要么偏个体利益一点，要么偏群体利益一点，天平一直处在不断摇摆的状态。

利己是人的天性，一旦天平过于偏向个体利益这一边，群体就不能再维持下去，平衡被彻底打破，这就是所谓的“合久必分”；寻求群体保护，也是个体生存发展的必然需求，为了重新组成群体，尤其是被个体认为能更好保护自己的群体，天平就会又偏向于群体利益这一边，这就是所谓的“分久必合”。

群体最典型的体现形式之一是国家。在传统教育中，人们一直接受的是国家利益高于个人利益的教育，如果每一个人都能为国家奋斗，自己还会不好吗？可是回看人类社会几千年来的历史，这样理想的情况从来没能长时间维持下来，不管国家的人口规模大小、经济水平高低、组织形式如何，政权持续更替，群体永远在分分合合。

个体利益与群体利益之间真正的平衡就像“绝对圆”的概念一样，理论上存在绝对的、完美的圆，但人类无法真正做到。不过，这并不妨碍人类以此为标准，尽可能画出更趋近于“绝对圆”的圆。纵观历史，无论在哪个时代，无论哪个国家和民族，各自独特的文化和制度，其实都是他们根据当时的客观条件所形成的、最适合自己的“群体思维故事”，并通过它去尽可能地影响成员的“个体思维故事”，以求保持平衡，长期维系群体。

分分又合合，合合又分分，历史的车轮不断滚滚向前，到了现代，在个体利益与群体利益、个体思维故事与群体思维故事的天平上，面对“两者都要兼顾，两者互有冲突”的双重性矛盾这个亘古难题，怎样可以尽可能地靠近和维持理想中的平衡点？

第 1 部分

个体和
群体的关系

第 1 节　个体思维故事与群体思维故事

个体利益与群体利益之间的矛盾首先存在于客观世界中，例如个体要维持生存，对物质就有着最低限度的客观需求。在古代，如果统治群体让老百姓连饭都吃不饱，衣服都穿不起，地方都没得住，那后者一定会揭竿而起，推翻现有政权，以求让自己的个体利益达到至少可以生存的水平。

可是，也能发现，有一些个体哪怕饿死，都不会起来反抗，因为他们觉得平民是必须服从统治的，这似乎有悖竭尽一切努力都要生存下去的生物本能。从生物机理角度分析，一个成年人一天至少需要摄入大约 2000 千卡的热量才能维持生存，那是否意味着只要满足了生存的底线，人的个体利益就得到满足了？当然不是，人的欲望是主观的判断。饭够吃了，会想吃肉，住进了小房子，就会想要大别墅，人的欲望可以无止境地扩张。

很显然，仅仅从客观世界和生物机理角度进行分析，并不能充分帮助理解和解决个体利益最大化与群体利益最大化之间的矛盾。除了分析客观层面的原因，更需要意识到它背后存在着深层次的主观原因——个体思维故事与群体思维故事。

还没看过《思维故事：掌控人生剧本》一书的读者可能不熟悉思维故事的概念，在此先介绍什么是思维故事以及思维故事是如何产生的。

从生物学的角度来看，人类在生命初期非常脆弱，适应世界的能力和速度也远逊于其他动物。尤其在婴幼儿时期，如果缺乏照顾和帮助，一定很难存活。为什么作为高等生物的人类会出现这样的情况？一个很重要的原因就在于，人类的大脑需要足够的时间来充分发育。

按照目前生物学对进化史的研究，动物是按低等到高等的顺序演化和出现的。人类的大脑也分为爬行动物脑（Reptilian Brain）和智人脑（Neocortex）两个部分，它们相对独立，又通过神经纤维彼此相连，相互影响，分别对应人体的不同反应。爬行动物脑负责人类的基本生存功能如呼吸、心跳、新陈代谢，以及先天的反应和行为。它连通着一个重要部分——杏仁体（Amygdala），后者直接关联着神经系统，掌控着人类的情绪，推动人类做出最快速的判断和反应。智人脑是大脑进化到最高等级的产物，掌管着人类的逻辑思维和认知功能，包括语言、思想、知觉和创造力等。

得益于智人脑，人类能够创造和使用工具，发明和运用语言，进行大规模的团队协作，从而建立辉煌的文明，站在了食物链的顶端。但是，智人脑也存在两大缺陷：第一，消耗能量大；第二，反应速度慢。在能量和时间都很充裕的情况下，智人脑确实占据绝对优势，可以不断地创新创造，解决很多复杂难题。但在物质匮乏、不容思考的艰难时刻，要是完全依靠或者常常启动智人脑，反而会更为危险。

于是，在爬行动物脑和中央神经系统之间，人类进化出了刚才讲到的很重要的器官——杏仁体。当危险来临，杏仁体会抢先一步，越过智人脑，把在爬行动物脑产生的反应直接输送到神经系统，让身体快速执行任务，这就是“启发模式”（Heuristics）。换而言之，人类真正使用智人脑的时间并不多，更多情况下为了“环保节能”和“快速应变”，会通过启发模式里产生的先天反应和后天反应，附加一定的情绪，来快速推动和解决生活中需要面对的诸多问题。

先天反应就是常说的直觉，指人类应对危险时的本能反应，例如，老虎狂奔而来，你根本不用思考，要么转头跑掉，要么僵立不动，要么奋勇搏斗，这是人类在自我保护方面逐渐进化得来的产物。在最近的五六十年里，科学家开始深入研究基于先天反应的各种启发模式，他们惊讶地发现很多原以为理性的行为背后，其实隐藏着各种各样来自先天反应的启发模式。

自亚里士多德（Aristotle）时代开始，哲学家就把人类定义为理性的，认为人类的行为是理性推动的产物，只有在特殊情况如醉酒、癫狂时，判断和决策才会缺乏理性。但是，同时获得图灵奖和诺贝尔奖的赫伯特·亚历山大·西蒙（Herbert Alexander Simon）在1947年率先提出“有限理性”（Bounded Rationality）理论。他发现，人类在很多时候并不是理性地、逻辑地思考问题，而是通过启发模式进行协助决策。

进入20世纪70年代，阿莫斯·特沃斯基（Amos Tversky）和丹尼尔·卡尼曼（Daniel Kahneman）这两位科学家研究发现，人类就是依靠先天反应的种种启发模式——“思维偏见”（Cognitive Bias），帮助自己思考问题和完成很多事情。阿莫斯·特沃斯基在1996年去世，丹尼尔·卡尼曼在2002年获得了诺贝尔经济学奖。

在他们对思维偏见的研究里，把人类在不确定性世界中做出判断所依靠的启发模式分为可得性（Availability）、代表性（Representativeness）以及锚定性（Anchoring），等等。

可得性偏差，指人类倾向于按照个体在感知或记忆中的可得性来进行评估。例如在思考和判断时，很容易会联想到最近发生的事情，就像马上要出门了，刚刚在新闻里看到一场严重车祸，就会想到坐车不安全，有点害怕，或者看到的是飞机故障的新闻，就认为最近不要坐飞机了。为什么？因为这是最近发生的，是刚刚感知的。

代表性偏差，指人类倾向于按照样本是否代表总体来判断其呈现的概率。例如对来自不同国家、地区、种族的人都有相对固定的认知，当看到长相、穿着和行为举止有代表性的某一个人的时候，就会觉得他具有那个群体的典型性格。

锚定性偏差，指在判断过程中，最初得到的信息会产生“锚定效应”，使个体会以此为参照来调整对事件的估计。例如，看到第一件衣服是1000元，当看到第二件衣服是100元的时候，就容易觉得第二件衣服是便宜的。

关于先天反应的启发模式的研究越来越多，也越来越深入。但科学家才刚刚开始研究后天反应的启发模式。它是指人在外部客观事物和主观想法判断的综合影响下，自己对某类事情所构造的基本反应，就像给自己大脑讲了一个故事一样，可以形象地称之为思维故事。

例如，有些人有过从老虎爪下逃生的经历，或者小时候老是被大人用“老虎来了要吃人”的故事吓唬，之后不仅是看到有老虎的影像、图片会害怕，就连听到有人在谈论老虎，都会产生恐惧感，这就是所谓的

“谈虎色变”的思维故事。每次只要听闻有人谈虎，大脑就直接把关于虎的思维故事调用出来，自动绕过智人脑，通过杏仁体把反应传递到神经系统，使个体快速产生相应的情绪——害怕，而害怕这个情绪又会让个体加速执行相应的思维故事。

思维故事产生并深植脑海，当以后类似情况发生时，大脑就可以不经深度思考，快速地按照该思维故事去执行，其效果和先天反应的启发模式一模一样，甚至有时候的威力还更大，可以压制先天反应的启发模式。例如大多数人在遇到危险时，先天反应的启发模式通常就是逃掉、僵住和反抗，但后天反应的启发模式，也就是思维故事，可能会让人们有新的选择。

莫罕达斯·甘地（Mohandas Gandhi）是提倡非暴力抵抗的现代政治学说——甘地主义的创始人，他不仅是印度民族解放运动的领导人，还被后人尊称为印度国父、圣雄。甘地领导印度人民反抗英国殖民统治的运动影响极其深远，其特点就是非暴力、不合作，与通过暴力抗争取得胜利的传统做法大相径庭。当英国殖民政府对该运动实施干预甚至暴力镇压的时候，由于“非暴力抵抗”的思维故事深入人心，印度民众坦然接受暴力袭击，不逃跑也不反抗，认为非暴力不是软弱的表现，恰恰是勇敢者的武器。随着运动的不断深入和推进，印度也从完全被殖民统治，逐步走向自治，最后实现了独立。

思维故事的形成机制是人类数百万年来进化的产物，文化、历史等方面的差别虽然会在很大程度上影响着思维故事，但它背后的情绪以及情绪的操作系统，对于每个个体来说，都具有共性。只要找到方法，就能做到每个个体皆可调整自己的思维故事。

从生理学角度来看，情绪既是信号，也是工具。

前者并不难理解，当情绪产生的时候，会促使人体分泌各种激素，产生相应的感觉。例如生气时，心跳加速，血液快速冲向大脑，很多人会觉得头脑发胀或者胸闷；在危急关头，肾上腺素分泌加速，同样让人呼吸和心跳加快，使人的反应速度更快，力量瞬间变得更强，等到能量峰值过后，人就会产生疲劳的感觉。由此可见，情绪能直接影响身体，可以通过感知身体的变化来察觉到情绪的存在。

情绪也是工具。出于生存的基本要求，启发模式要被快速执行，情绪则扮演了“驱动器”的角色，例如使身体分泌出肾上腺素等，这些天然的兴奋剂可以在关键时刻提高人类个体的生存概率。一个人情绪好的时候，做什么事都一帆风顺，情绪不好时，做什么都感觉举步维艰。常说要激发正面情绪，化解负面情绪，就是因为情绪能给身体带来影响和变化。因此，情绪完全可以被定义为工具，它推动人们对外界挑战做出快速反应，有效执行思维故事。

情绪以不同形式展现在身体的不同地方，例如肢体语言、面部表情、声音的高低轻重等。个体的情绪也会影响到其他个体乃至群体，这就是为什么个体加入群体之后的行为可能和自己独处时不一样，因为会被群体的情绪所影响。例如，一群人原本在和平地游行，突然有几个人和反对者打了起来，愤怒的情绪迅速点燃了整群人，和平游行就转变成暴力冲突。

从某种程度上来说，正是无数个思维故事的累积，形成了每个人的性格。每个人的观点、想法、习惯和行动背后，都关联着属于自己的思维故事，只是很多时候没有意识到。它影响着每个人怎么看待自己、他人以及世界。

虽然情绪与启发模式对人类的影响巨大，但我们有智人脑，可以予以管理。例如当感知到自己情绪的到来，在做决定之前，停下来看看是否不知不觉中采用了启发模式里的某些偏见，像在美国街头看见表情凶悍的黑人就害怕，而看见一脸慈祥的老太太就觉得是好人。改写思维故事是很重要的方法，例如当认识到有情绪的时候，问问自己：这是什么情绪？为什么会产生？情绪背后的思维故事是什么？能不能改写得更好，以求更好地达到目标？

当然，人类在绝大多数时候都做不到这么理性，使用不到智人脑，而是让启发模式中的先天反应和后天反应帮助我们度过每一天。

人类通过不断实践，既获得更多物资，也创造出新事物，还积极地改造外部世界，让环境随着自己的意志改变形态，以此满足人类对幸福的需要。而人类之所以愿意组成群体、必然组成群体的根本原因，正是群体的分工合作、相互促进，能够更快也更好地帮助自己达到追求幸福的目标。

在此过程中，不可避免地遇到主观思维与客观现实之间的关联问题：人类共享同一个外部世界，其中的一切都是客观存在的；但个体是凭借自身的感官系统来感受外部世界，并通过主观思维进行认知和判断，再去付诸行动。

于是，个体会根据自身的经历与感受产生相应的思维故事，就像那句谚语，有一千个读者就有一千个哈姆莱特那样。面对同样的客观现实，不同的个体会产生不同的主观判断，也就是个体思维故事。

虽说个体思维故事是因人而异、千人千面，但也能发现，处于同一个区域、同一个群体中的个体往往会有着非常相似的思维故事，小到生活习惯，大到文化习俗，都有着相对统一的主观共识，原因就是他们形成了群体思维故事。换而言之，群体思维故事是该群体内所有个体成员在相应时间阶段内的基础共识，包括但不限于在政治、法律、思想、道德、艺术、宗教、哲学、科技等方面，所形成的那些统一的观点和共同的概念。

个体有各自的个体思维故事，因客观需求而分工合作，众多个体聚集形成了群体。群体在自身形成的过程中，产生了群体思维故事，而群体思维故事既推动了群体的发展与变化，也影响着群体内的个体成员。

第 2 节　群体和群体思维故事如何产生

众所周知，人类是群居动物。从生物学的角度来看，人类和很多动物相比都显得非常脆弱，离开群体就难以生存，必须依靠同伴的帮助。

尤其在婴儿时期，人类至少要获得母亲（或者担任母亲角色的人）的哺育抚养，才能顺利成长。而母亲在刚生下孩子之后，处于比较虚弱的状态，很难保护好自己和孩子，这就需要父亲的帮助。只有这样一环扣一环的组合帮助，人类才能提高在自然中的存活率，人类在这方面和其他动物很不一样，形成了“配对结合（Pair bonding）”，雄性完成交配后不会离开，而是继续留在雌性与后代的身边。

在原始社会，人类主要通过狩猎和采集的方式获取食物。男性和女性在先天生理条件上存在差异，男性相对更强壮一些，更能对抗，更适合高强度工作；女性相对更适合低强度工作，还要负责生育。在性别之上，如果更多的人类联合起来合作互助，就可以捕杀比人类体型更大、力量更强的猎物，不仅能提高获取食物的效率，也能更好地对抗外界侵袭，保障生存条件。于是，男性主要负责从事狩猎和维护安全，女性则进行采集工作，同时负责繁衍和抚育后代，两性互相依靠，彼此帮助。

人类逐渐形成了带有“两性分工”和“群体居住”这两个特征的原始群体架构。例如，由血缘关系维系起来的家族、氏族就是一个小型的社会群体。

人类对维持生存和获得物质的客观需求是群体产生的必然原因，但如果仅有这些，还不足以充分而长期地维系群体。在这个基础上，为了让群体更稳定有序地持续运行，让个体协调好互相之间的关系，还需要从群体思维故事这个主观角度，让群体加以巩固。

典型案例就是在群体中制定社会契约（Social Contract），包括经济层面、伦理层面和法律层面的一系列规定、约定及法则，禁止一些损害其他个体与群体利益的行为。否则，群体与个体的利益无法保持平衡，群体的形式就不能维持，个体的利益也会受损。

《汉谟拉比法典》是世界上现存的第一部比较完备的成文法典，是古巴比伦国王汉谟拉比在大约公元前 1754 年颁布的法律汇编，包含 282 条法律，对当时社会各个重要方面都做了详尽的规定，包括刑事、民事、贸易、婚姻、继承、审判等，也制定了相应的惩罚措施。当某个个体发生损害其他个体或群体利益的行为时，就要按照法典对其执行惩罚。例如当任何人开挖沟渠以浇灌田地，但是不小心淹没了邻居的田地时，他就要给邻居赔偿小麦。又如，如果被盗窃的牛、羊、驴或者是猪属于寺庙或者皇室，盗窃者将偿付 30 倍的赔偿；如果它们属于王国的公民，盗窃者将 10 倍赔偿；如果盗窃者无力赔偿，将以死抵罪。

《汉谟拉比法典》是当时社会每个个体都被要求遵守的法典，也就相当于一个典型的群体思维故事。与之类似的例子还有很多，《圣经》记载了上帝借以色列的先知和众部族首领摩西向以色列民众颁布的十条规定，即《十诫》。它被犹太人奉为生活的准则，也是他们最初的法律条文。《十诫》当中很多内容都是要求人们不能损害其他个体和群体的利益，例如不可杀人、不可奸淫、不可偷盗、不可作假见证来陷害人，等等。

如果仔细比较就会发现，虽然很多动物都会通过组成群体的方式，让自己更好地生存下去，而且对群体的依赖程度也不亚于人类，但动物群体的规模却始终存在限制，从来没有哪一种动物可以像人类一样，将社会合作划分得那么细致，结合得那么紧密，能够把群体的范围扩张到整个物种。

根本原因就是人类可以形成自己的个体思维故事，以此和世界上各式各样的个体产生联系，在这个基础上，群体还会通过塑造群体思维故事，让个体同心协力地合作，而违背群体思维故事的个体将会在社交、道德和法律等方面，受到其他个体和群体相应的排挤或惩罚。人类只要不断调整群体思维故事，就有机会使其适应更大的群体，群体的界限也就能随之扩大。

随着技术与生产力的不断发展，在交通上人类可以更快捷、更便利地从一个地方到达另一个地方，通信方面也能和相隔千里的人进行即时联系和沟通互动。在这个过程中，所处的群体变得越来越大，从家庭、部落、城市到国家，甚至是整个世界。

有句耳熟能详的谚语叫“条条大路通罗马”，意思是解决问题的方法有多种。可是，世界上有那么多城市，为什么偏要通向罗马呢？因为公元前 3 世纪，罗马帝国统一了整个亚平宁半岛，随后，罗马成为地跨欧亚非三洲的罗马帝国的中心。为了加强统治，罗马帝国以罗马为中心，向四周修建了近 8 万公里的道路，使得几乎整个欧洲都形成了一个群体。

罗马帝国的统治者认识到，帝国拥有广阔的疆域和众多民族的民众，如果只有罗马人才算是公民的话，那绝大多数的他人都不会长期接受统治。于是，他们就设立了拥有不同级别的公民制度，例如被征服的群体接受为罗马提供士兵，这些人就可以被归化为罗马公民。罗马公民这个概念的调整其实就是群体思维故事的改写，随着公民范围逐渐扩大，很多人都意识到自己有机会参与强大的帝国的事务，只要自己做到了要求中的事，或者达到了要求中的标准，就可以成为群体的一员，脱离野蛮人，成为罗马人。

在蒸汽机发明之后，火车和轮船迅速扩大了人类的活动范围，贸易也从国家间迅速扩大到了整个世界的范围。随着通信技术的发展，人类传递信息的方式也从原始的驿站、马匹、信鸽变成了无线电报、传真，在互联网普及后，电子邮件与社交软件又成了日常生活中最主要的通信工具。

得益于技术的快速发展与广泛应用，人类能够接触和关联的群体也变得越来越大，互相的关联变得越来越紧密。技术发展是有利群体连接的客观条件，但核心凝聚力还是在于主观层面的群体思维故事的快速扩张。在世界高度全球化的现状及趋势下，联合国、跨国企业、无国界组织等群体形式也早已屡见不鲜，甚至可以说所有人类都变成了一个群体。

早在 1848 年，卡尔·马克思（Karl Marx）就提出了跨国界的、全球性的群体思维故事，他在《共产党宣言》里写道："全世界无产者联合起来！"他并没有说只联合德国或者法国的工人阶级，而是涵盖各个大洲、国家和种族的无产者都可以有共同的群体思维故事。

1948 年 12 月 10 日，联合国大会通过第 217A（II）号决议并颁布《世界人权宣言》，其第一、二条为：人人生而自由，在尊严和权利上一律平等。……人人有资格享有本宣言所载的一切权利和自由，不分种族、肤色、性别、语言、宗教、政治或其他见解、国籍或社会出身、财产、出生或其他身份等任何区别。并且不得因一人所属的国家或领土的政治的、行政的或者国际的地位之不同而有所区别，无论该领土是独立领土、托管领土、非自治领土或者处于其他任何主权受限制的情况之下。简而言之，全世界那么多国家都充分认同和愿意推动这个关于人权的群体思维故事。

第 3 节　个体怎样看待群体的必要性

人类组成群体的初衷是由于个体的力量有限，所以要通过加入群体的方式保障和扩大自己的利益。在遥远的过去，一群人猎取一个人难以战胜的大型猎物，可以建起一个人难以建成的房子；在全球化的今天，正因为加入了全球贸易体系，在中国能轻松地喝到哥伦比亚的咖啡，吃到意大利的披萨，买到波斯的地毯，等等。这些利益都是脱离群体的个体无法独自获取的。

人类成年后，所具备的体能和智力都变得愈加强大和成熟，不再像小时候那么需要协助，理论上可以独立生存。但是从整个社会群体的角度来看，文明与科技越是发展，生产力越是发达，反而越来越需要他人的帮助。

随着工业化的推进，劳动分工变得更加专业化、细分化。在工业革命之前，往往一个手工劳动者或一个家庭就可以从头到尾制作出一件完整的产品；在工业革命之后，生产过程被分解成不同的环节，每个工人只需要负责其中的一个环节，最后由多个环节组合成完整的产品。

例如，汽车已经成为大多数人日常生活中不可或缺的一部分了，而无论看哪个国家哪个牌子的汽车，都能发现组成一辆汽车的各种零配件来自世界各国：一个美国人买到的车，在生产过程中可能需要从加拿大进口钢铁，从泰国进口天然橡胶，从中国进口电气配件，在德国的工厂里进行加工组装。

无论在社会生产的层面还是个人生活的层面，工业革命都给人类带来了巨大的变化。整个社会犹如一台复杂而又精密的机器快速地运转着，人类也变得比过去任何时代都更加依赖群体。

有时候，很容易觉得，自己生活中的基本需求可以被轻易地满足：如果饿了，餐厅里可以吃到世界各地风味的美食，超市里也能买到各种进口食品；如果想买衣服，服装店里各种款式应有尽有，付了钱马上就可以穿在身上；如果想查找资料，只要在搜索引擎里输入关键字，就会有海量的信息内容呈现在眼前，等等。但这些看似能快速简单完成的动作及水平很高的生活品质背后，无一不依赖着他人提供的知识、技术或者工具。

美国社会学家乔恩·威特（Jon Witt）在《社会学的邀请》中写道：汉堡是一个奇迹，因为它所代表的含义，是人类共享集体知识和技能的社会象征。

当我们吃汉堡的时候，有没有想过，如果完全靠自己一个人做出一个看似再普通不过的汉堡，会是怎样的情景？

首先，需要牛肉。因为不能依靠他人的任何资源，这意味着既不能去买，也不能去偷，更不能去抢别人家养的牛，这就得找到一头野生的牛。如果有运气找到，还得想办法杀死它，在不制作任何捕猎工具的前提下，只能以赤手空拳的状态去拼杀搏斗。如果成功杀死了牛，还得想办法对其加工，包括剥皮、剔骨、切肉、搅拌、捶打，才能得到可以用于烹调的肉馅。然后为了煮熟它，还需要生火，对普通人来说，钻木取火绝非易事。光有火可不够，烹调的时候还需要锅碗铲子之类的烹调器具。

其次，需要面包。即使用最简单的配方，也需要面粉、水、盐、油、糖和酵母。就拿面粉来说，得有麦田，如果没有现成的话，就要找到种子播下去，耐心等待小麦成熟。成熟后，先要收割麦子，再把麦子脱壳，才能磨成面粉，这些过程中都是需要工具的。如果有幸能够凑齐以上的所有材料，还得知道适合的比例去混合它们，当然按照设定，在一开始是无从得知的。假设又获得幸运女神的垂青，一次就蒙对了，那么有没有用来烘烤面包的烤箱呢？

牛肉和面包都是主料，除此之外，做汉堡还要有很多配料，像番茄酱、胡椒粉、芥末、生菜、洋葱和奶酪，等等，天晓得要从哪里去弄？

在现代社会，获得一个汉堡不费吹灰之力。例如在美国，随便进入一家快餐店，两三分钟就能买到一个汉堡，而且在便宜的店里连一美元都用不着。如此方便畅快、成本低廉，让人们意识不到其中竟然包含如此庞大复杂的群体分工与知识共享环节。

在上述情景假设中，乔恩·威特费了那么多口舌，就是想要告诉人们：如果要完全脱离于社会群体之外，独自一人制作一个汉堡是多么复杂困难的事，获得制作汉堡的所有材料和工具的知识、技能及条件，几乎超出了所有人能想象的范围，也超出了个体的能力。这样的“奇迹”只能建立在人类群体发展到社会高度分工的基础上，而时至今日，这样的“奇迹”几乎充斥着人类的生活，身上的衣服、居住的房子、乘坐的汽车、拿着的手机，每一件都看似司空见惯，可只要想象一下怎么由自己独立来制作它们，就能明白群体的重要性所在。

在客观层面，我们非常需要与别人合作，否则自己连一个汉堡都做不出来，我们非常需要国际化，以获得更多来自全球各地的便利与好处。但在全球化和世界公民等概念逐渐深入人心的同时，也会听到反对的声音，因为其中有些个体（或群体）觉得自己的利益在这样的历史进程中不增反减。一旦在主观层面感觉到自己利益有所受损，就会觉得这样的群体不是我所需要的，这不代表人们不要群体，而是想要更符合自己个体利益的群体，如果现在这个不符合，那么宁可不要。

英国脱欧是很典型的实际案例。英国在 1973 年成为欧盟（时称欧共体）成员国。英国有一半的对外贸易额来自欧盟，脱欧势必影响到伦敦国际金融中心的地位。在政治上，英国也无法再借助欧盟这个世界上最大的发达国家群体来发挥国际影响力，在安全、环境和贸易等诸多跨国事务中可能被逐渐边缘化。但从英国的“疑欧”群体看来，欧盟委员会（European Commission）不能很好地考虑到英国的利益，其制定推出的很多政策和举措还可能损害英国的利益，由此引发的欧债危机、难民潮、金融监管问题等，既拖累了英国的经济，也让原本属于英国民众的大量工作机会被抢走。于是，自 2013 年时任英国首相戴维·卡梅伦（David Cameron）抛出就脱欧问题应举行全民公投的观点后，历时七年，经过多番谈判、审议、投票等程序，在英国时间 2020 年 1 月 31 日 23 时，欧盟正式批准了英国脱欧，英国终结了 47 年的欧盟成员国身份。

从种种案例可以看出，个体对群体的需求在客观和主观上会不断产生矛盾。

第 2 部分

个体与
群体的矛盾

第 1 节　个体利益最大化与群体利益最大化之间的矛盾

为了在竞争中更好地存活下来和繁衍后代，生物都有着趋利避害的本能。人类也同样如此，追求个体利益最大化，可谓每个人的天性。俗语有云，人不为己，天诛地灭。

但与之相反的情况也有所发生，无论是人类还是动物，也会在群体中表现出与利己相反的、牺牲自己利益的利他行为。动物学家观察发现，在整个群体遭受猛兽攻击的时候，一些老年斑马为了保护幼年斑马，会主动放缓逃跑的速度，让自己成为猛兽口中的猎物；蚂蚁在蚁穴着火的时候，并不会都四散而逃，有一部分蚂蚁主动上前，释放蚁酸灭火，以此保全蚁群和巢穴。在人类社会里，同样不乏为了国家和民族赴汤蹈火甚至愿意牺牲生命的烈士。

从生物学的角度来看，动物这种利他性似乎和与生俱来的利己性相悖，但科学界也有观点认为，利他性的本质是一种变相的利己性。当个体把自己所处的群体与自身看成一个大个体（实质是群体），将其利益视为最重要的目标，就会降低甚至忽视自己作为一个小个体的利益，所以仍然可被视作一种利己性的行为。

如果群体受到损害，往往大多数个体都无法置身事外；而群体一旦受到严重打击甚至不复存在，那么个体在群体中的利益也就无法保障了。此外，如果群体能变得更加强大，那么身处其中的个体能够获得的利益往往也会变多，为群体谋利益在一定程度上也可以转化成为自己谋利益。

可见，利他和利己虽然表面上是对立的，但本质上并不是非此即彼的关系。一方面，个体想让自己利益最大化，需要加入群体，因为群体可以帮助获得个体无法获得的东西，达到个体无法达到的高度；另一方面，为了维持群体，个体要以各种形式（例如遵守社会契约）让出或牺牲一部分个体利益，来保证群体的稳定和壮大。

常说的利己与利他，本质就是个体利益最大化与群体利益最大化，两者之间存在的矛盾有其产生的客观必然性：因为个体利益和群体利益之间往往无法达成真正的平衡，个体利益最大化会损害群体利益最大化，而群体利益最大化也会损害个体利益最大化。

前者很容易理解，个体加入群体的初衷就是为了让自己的利益最大化，在这个过程中，必定会有个体为了达成这个目标，其想法和行为损害了其他个体，甚至整个群体的利益。例如，人们都知道毒品极具危害性，毒品泛滥会造成极其恶劣的社会影响，为了保障群体免受毒品侵害就要制定各种法律、法规和政策，不停地遏制和严厉打击贩毒行径。可是，贩毒现象屡禁不止，原因就是贩毒的经济利益巨大，总有人甘愿铤而走险来获取暴利。

对于后者，如果以国家作为群体来看的话，斯大林时期的苏联是很好的案例，他的执政使得苏联这个群体的利益最大化，也损害了很多苏联人的个体利益。

在20世纪20年代，斯大林刚刚从列宁手中接过最高领袖一职时，苏联还是比较落后的国家，虽然经济基本恢复到第一次世界大战前的1913年的水平，但是钢铁、电力生产远远不能满足国民经济发展需要，汽车、飞机、化工、大型机器设备等最重要的工业制造领域几乎一片空白。苏联在1928年的工业产值连德国的一半都没到，只及美国的八分之一。而且作为世界上第一个社会主义国家，苏联不仅被西方众多资本主义国家敌视，其经济也遭遇封锁。一旦遭受侵略或打击，苏联就会陷入很危险的境地。

在这种局势下，斯大林认为目前最重要的任务是集中国家资源，优先提振重工业，让苏联成为军事大国，大力发展基建和国防，才是生死攸关的国家大事，而非民生。在这个时期，就算牺牲一些个体利益也是在所难免的，这被认为是为苏联群体的利益做出的让步。

为了使群体利益最大化而损害和牺牲某些个体的利益，这在斯大林对待富农问题上反映得特别突出。斯大林认为富农是剥削者，是社会主义公有制和苏维埃的敌人，应当加以消灭。为了实现苏联农业集体化，富农被剥夺了除维持生存所必需的生活、生产资料以外的所有财产，还被驱逐流放到荒凉、不适合人类居住的边远地区。由于斯大林过于重视发展重工业，推行高度集中的计划经济，使得社会发展严重失衡，接连导致了乌克兰大饥荒和哈萨克大饥荒，造成了上千万人的流离失所与死亡。

与此同时，在斯大林的大力推动下，苏联共产党在1927年12月召开第十五次代表大会，通过了关于制订发展国民经济第一个五年计划

（1928—1933 年）的指示。在短短不足五年的时间里，苏联在工业方面取得了显著的进步，1932 年的工业产值是 1913 年的 234.5%。其中，机器制造业产值比 1913 年增加 9 倍，比 1928 年增加 3 倍。1932 年的发电量达到 173 亿千瓦时，比 1913 年增加 6 倍。石油、拖拉机、联合收割机产量位居世界第二位，欧洲第一位，而且建设经济的机器装备大部分都能在本国制造了。第一个五年计划的顺利完成，让苏联的国力大增，得以在后来第二次世界大战来临时，具有经济基础可以抵抗德国的侵略。

在第二次世界大战期间，为了动员苏联人民，斯大林又提倡这么一个群体思维故事：祖国母亲受到威胁了，所有人民都要站起来，不惜一切代价抵抗法西斯。人类历史上规模最大的战争就是在苏德战场上爆发的，这场战争的激烈程度和伤亡率，都是人类历史罕见的。在整个“二战”中，苏联因战争死亡（含被俘遇害）的军人和牺牲的平民人数合计超过 2600 万人。正是因为斯大林在战前推动大规模工业化和在战时不断激励人民奋战，最终帮助苏联在恶劣和艰难的情况下战胜了德国。

时至今日，俄罗斯人对斯大林的评价仍然存在很大争议，他可谓是集荣辱于一身。那些被清洗的苏共人员、惨遭流放的富农家庭和被迫害的少数民族痛恨斯大林，并不难被理解，因为他们的个体利益在苏联这个群体利益日渐强大的过程中受到了损害；但也有很多老百姓即使生活得艰苦，看似个体利益同样没有得到保障，甚至自己的亲人都在战争中死去，却仍然支持斯大林，认为他击败了法西斯，拯救了国家和民族，觉得他是一位伟大的领袖。

面对同样的客观事实，为什么不同的人产生了不同的结论？

仔细观察和分析上述例子后，可以发现：在客观层面，随着群体强大，个体获益了，同时在某些方面也可能受到了损害，但在主观层面，不是所有受到损害的个体都对此产生负面的评价。而造成评价差异的主要原因，除了客观层面上不同个体的损益情况不同，还有主观层面上不同个体有各自的思维故事，从而产生了各自的判断。

个体利益最大化与群体利益最大化，这是个体与群体之间的第一重矛盾，再深挖下去，就会发现两者之间的第二重矛盾——个体思维故事与群体思维故事。

第2节　个体思维故事与群体思维故事之间的矛盾

个体在生存与物质方面有客观需求，联结成为群体能够更好地满足需求和达成目标，于是群体诞生了，但在群体持续运行的过程中必定出现很多不稳定因素，最典型的就是个体因为追求利益最大化损害了群体利益。如果不加以防范和控制，群体就可能崩溃，需要通过各种手段来巩固群体的形式，除了客观上的限制和惩罚，还必须在主观上形成群体思维故事，来影响每个人不同的个体思维故事，让所有个体尽可能取得共识，让群体更稳定持久。

在没有群体的前提下，个体思维故事的判断标准一般都很直接，例如对自己好的就是对的，对自己不好的就是错的。如果一件事会让自己获得好处，那就会去做；如果一件事对自己有害，那就不会去做。

虽然思维故事以客观事实为基础，但终究是每个人的主观判断，而且会和情绪直接关联，并不是绝对理性的。例如，人们都知道吃垃圾食品对身体不好，为什么还有很多人控制不住要去吃呢？因为口感好，吃下去会让自己开心，感到温暖，觉得满足。换而言之，即使吃垃圾食品在客观上是对身体有害的，但在主观上却可以给人带来好的感受。在思维故事的引导下，在情绪的催化下，人可能趋向于做自己主观以为好的而客观却未必好的事情。

同理，那些愿意为了群体牺牲自己的、做出客观上损害自身利益行为的人，正是因为其个体思维故事说这是对自己有利的、应该做的事情。这种个体思维故事的形成在很大程度上受到了群体思维故事的影响。毫不夸张地说，影响从人一生下来就开始了。

人生在世，有两样东西是所有个体都无法控制的，那就是“生在哪里”和“生在谁的家里”。

生在哪里，决定了你的国籍和民族，意味着你从出生开始就会在某种环境中接受特定的文化、传统和制度，被灌输那里的群体思维故事。例如你生在中国，那你就是中国人，从小就会接受中国的文化教育。

生在谁的家里，决定了你属于社会的哪个阶层，从小被哪个阶层的群体思维故事所教育。例如在古代，出生于皇家贵族，天生就高人一等，因为群体思维故事告诉你生下来就要做君王，去统治国家；而出生于平民家庭，群体思维故事就教导你生来就要服从君王的统治，安心劳作，不能反抗。

在西方，虔诚的宗教信徒可以坦然接受火刑，因为接受了并坚定相信宗教信仰的群体思维故事，进而影响了自己的个体思维故事，将它和自己的人生意义连接起来，因此可以把信仰看得比生命更重要，愿意为了信仰而坦然承受酷刑。

在东方，忠贞的臣子可以冒死进谏君王，因为对秉承君臣之道的大臣而言，他相信以儒家伦理为基础的群体思维故事，进而影响了他的个体思维故事和人生意义。他觉得既然在朝为官，食国家俸禄，那就应该为了国家社稷，劝诫君王，可以置生死于度外。

从出生开始，群体中的所有个体都无可避免地受到群体思维故事的影响，但具体到个体思维故事的层面，就因人而异了，有人完全接受，有人部分接受，也有人完全不接受。

在抗日战争期间，最主流的群体思维故事就是要保卫国家，打败侵略者，为此可以不惜一切代价。大家生下来就是中国人，成长在中国这片热土上，如果中国灭亡了，那失去群体庇护的个体利益也就荡然无存了，这时国家利益（即群体利益）要高于个体利益，保卫国家才是对自己最好的。于是，很多中国人都愿意为了祖国牺牲自己。

但并不是所有人都完全接受这个群体思维故事，例如部队里会出现逃兵。军人的本职就是打仗，既然上了前线，理论上都是愿意为国捐躯的，逃兵却言行不一，选择保命逃脱，说明他对群体思维故事只接受了一部分：一方面，他认可自己属于中国这个大群体，要为中国而战，不能让中国灭亡；另一方面，他认为在面临生命危机的情况下，个体利益还是高于群体利益，宁可被人耻笑、辱骂甚至枪毙，也要逃跑活下去。还有更极端的人当了汉奸、伪军，因为他们完全不接受身为中国人的群体思维故事，甚至认为日本统治中国后会塑造更好更强大的群体，帮助日本才能让个体利益甚至群体利益最大化。

在群体层面，往往会通过各种客观或者主观上的手段来更好地维护群体思维故事，让更多的人接受它，这样才能让群体保持稳定，使群体利益最大化。对于那些不接受并且做出损害群体利益的个体，群体会采取一系列强制措施，例如在道德观念上进行谴责，在法律方面进行惩罚，希望通过公告、约束、纠正和惩戒等方法，试图让这些个体回归群体思维故事的轨道。

在个体层面，也许有人比原来更认可群体思维故事，觉得要以群体利益为重；也许有人表面接受，内心不完全认同；也许有人在两边摇摆不定；也许有人就是坚决反对，这些都取决于他们各自的个体思维故事的判断。

可见，群体和个体如何采取行动，都是来自思维故事所做出判断，而个体思维故事受群体思维故事的影响程度不同、接受程度不同，导致主观层面上产生了很多矛盾。

个人利益最大化与群体利益最大化之间的矛盾、个人思维故事与群体思维故事之间的矛盾，构成了双重性矛盾。

可以通过“囚徒困境”（Prisoner's Dilemma）更好地理解双重性矛盾的含义，它是指两个被捕的囚徒之间的特殊博弈，很好地呈现了个人最佳选择与群体最佳选择之间的双重性矛盾。

“囚徒困境”的理论最早由美国兰德公司的梅里尔·弗勒德（Merrill Flood）和梅尔文·德雷希尔（Melvin Dresher）在1950年提出，后来被艾伯特·塔克（Albert Tucker）以囚徒的故事方式进行阐述，并得以命名。甲乙两人因为共谋犯罪被关进监狱，不能互相沟通情况。如果两个人都不揭发对方，则由于证据不足或罪名较轻，每个人都只需要坐牢一年；如果两人互相揭发，则因证据确凿，都会要坐牢两年；如果一个人揭发，而另一人沉默，则揭发者因为成为污点证人立功，而立即获得释放，沉默者因不老实交代，而要加重刑罚，坐牢三年。

在这种情况下，如果要从个体利益最大化的角度出发，似乎都更倾向于选择揭发对方，因为揭发的最坏结果是坐牢两年，但最好结果却是可以马上自由，而如果选择不揭发，反而被对方从其个体利益最大化的角度进行揭发，自己就要坐牢三年。

理性情况应该如此，实际情况又如何呢？

在科学家对现实进行观察和研究后，结果让人惊讶，他们发现更多人选择了不揭发对方！例如在帮派中，很多人被抓住后，尽管遭遇了很大的压力，但就是不肯揭发同伴，因为他们深受帮派这个群体思维故事的影响，觉得不能背叛自己人，加入了帮派就得为同伙以及这个群体着想。这时，他们无疑把群体利益放在了个体利益之上，也把群体思维故事看作是自己的个体思维故事。可是，我们也知道有一些人会选择揭发同伙，因为他们更看重自己的个体利益，他们的个体思维故事与群体思维故事不完全一致。

双重性矛盾不仅仅存在于个体和最大范围的群体之间，还存在于个体和大群体里诸多细分的小群体之间，也存在于小群体和大群体之间，甚至存在于一个小群体和另一个小群体之间。

大大小小的群体都有着不同的客观利益与群体思维故事，而且不断施加到各自内部的个体之上，使得个体思维故事变得更加多元、复杂，最后使个体利益和群体利益永远无法达到完美的平衡点，不断地处于左右摇摆的状态。

第 3 部分

个体与
群体的平衡

第 1 节　群体思维故事的设计和演变

无论时代如何发展，科技进步是快是慢，只要个体与群体的关系还存在，双重性矛盾就始终根植于群体之中。

客观世界在不断变化，思维故事也会随之调整，以更好地适应外界。于是在不同时代，不同群体中的双重性矛盾会以不同的形式展现出来：一方面，个人利益最大化与群体利益最大化之间的矛盾是在客观世界的基础上形成的，会受到诸如经济发展和科技水平等客观条件的影响。另一方面，因为思维故事是基于主观上的判断，存在很多形式和方向。

可以发现，国家和社会在不同发展阶段会制定相应的制度，尽可能达到最适合自己目前情况的平衡点，缓和个体利益与群体利益之间的矛盾，保持群体的稳定运行。而这些不同的制度，本质上就是群体根据当时的客观条件所形成的群体思维故事。

在中国几千年的历史里，最主要的生产方式和客观环境就是农业生产和农业社会。在这种客观条件下，统治阶层希望让民众日出而作，日落而息，紧密围绕着农地进行分工、耕耘和劳作。他们就利用政权的力量来改变旧的社交关系，建立新的社会秩序，从而完成封建化的过程。

战国时期，中国的思想文化界出现了百家争鸣的盛况。到汉武帝时才选择“罢黜百家，独尊儒术”，使得以孔子、孟子为代表的儒家思想成为此后两千年间封建社会的正统思想。儒家文化里的群体思维故事是希望有圣明君主出现，这位最高统治者带领民众开创一番和平盛世，让百姓安居乐业，这样的群体思维故事符合中国封建时代的需求，也就获得统治阶层的认可和推广。在中国封建历史里被称为明主圣君的例子不少，像汉武帝、唐太宗等，这些帝王在将自己利益最大化的同时，也很好地照顾到了群体中其他个体的利益。

但实际上，作为主观的思维，存在着很大的不确定性。皇帝如果是昏君或暴君，不懂得辨别和任用贤臣，不知道体恤民间疾苦，不珍惜祖上打下的江山社稷，严重损害了百姓的利益，那百姓做出的牺牲也就是没有意义的。特别当客观条件变差，例如出现干旱、洪涝、蝗灾或者瘟疫的时候，百姓连饭都吃不饱，就会揭竿而起，推翻腐败的、残暴的、无能的统治者，像殷纣王、秦二世等都是典型的案例。

由于思维故事受制于客观世界，在社会经济和科技发展并没有显著变化时，建立下个群体的领袖往往会发现，现阶段还是使用原有的群体思维故事比较合适，但是在细节上可以有所调整，很大程度上取决于当权者的个体思维故事。

明太祖朱元璋可以说是中国历代皇帝中最痛恨贪官污吏的一个，对贪腐的治理也是最严厉和无情的。到底是什么原因导致朱元璋有这样的个体思维故事？

一方面，因为他出身寒微，是贫苦农家的孩子，自己亲身经历过贪官污吏对底层百姓的迫害，当时全家人就因为这个原因都没有饭吃，所以他内心深处对贪官污吏极其痛恨。

另一方面，他希望自己的子民能过上好日子，得到老百姓的拥戴才能让自己建立的王朝在子孙手上长久延续，官员的贪污腐败无疑是在腐蚀王朝的根基，老百姓被逼到走投无路的时候，肯定会有像当年自己那样的人站出来推翻一切，所以他内心深处很担心腐败的滋生和蔓延。

于是，朱元璋对贪污的官吏制定了一系列残酷的刑罚，最耸人听闻的还属“剥皮揎草”，就是把贪官的皮剥下来套在稻草人身上，希望通过严酷的手段制止官员的贪腐，保持官员队伍的清廉，并以警后世。但是即使手段严酷如此，明朝还是有源源不断的贪官出现，最后还是被新的朝代所取代。

到了现代，因为经济和科技的快速发展，群体思维故事的推动也发生了快速的变化。例如，中国在 1949 年之前是一个半殖民地半封建社会的国家，在 1949 年之后建立起了社会主义国家。在 20 世纪五六十年代的“大跃进”时期，政府建立了人民公社，公社里的生产队掌控了粮食的发放，每个人都可以到食堂里吃大锅饭，一日三餐全部免费。这时候，人们推崇一种“人人为我，我为人人”的群体思维故事，大家在集体里不用再担心物质生活，组织会安排好一切，平均地分配给每一个人。

这种平均主义看似很美好，照顾到了所有个体的利益，每个个体都会得到平均分配。

这时会发现，双重性矛盾又出现了。在这样的环境里，有些人秉着为群体服务的宗旨，接受了全身心为人民公社做贡献的群体思维故事；但也有一些人观察客观世界反而形成了这样的个体思维故事：我就算什么都不做，或者做得不好，也可以获得和付出劳动的、做得好的人一样的回报；同样，我就算做得再辛苦再认真，也不会比不劳动的人多拿什么报酬。

在群体中，人们的思维故事和所作所为会互相影响。长此以往，很多人都不愿意认真工作了，整个群体的工作效率、主动性、积极性、创造性都会受到严重的打击，其存在也会难以为继。

再看西方国家，资本主义有一个重要特点，就在于它比以往更加肯定了每个个体的自由意志和权力，塑造了很典型的群体思维故事：在公平开放的市场中，每个人都可以通过自由竞争，最大程度地展现自身价值，将自身的利益最大化。

这个群体思维故事看似也很理想和美好，给了每个个体实现利益最大化的空间和机会，但现实却不尽如此。

从经济角度来看，在企业发展的过程中，大企业可以凭借自身在经济实力与关键技术等方面的优势，逐步占领市场，吞并中小企业，最终在行业中占据压倒性的统治地位。简单来说，大企业可以通过垄断，将自己的利益最大化。但相对地，产业中其他企业的利益就无法保障。历史证明，资本主义的自由竞争一定会导致行业集中度越来越高，然后产生走向巨头垄断的结果。

这就是为什么所有资本主义国家都会想尽办法反垄断的原因。在美国，针对标准石油公司的反垄断法就是经典的案例。“石油大王”洛克菲勒创建的标准石油公司在其鼎盛时期拥有着美国 90% 左右的炼油能力，一直到 1911 年，美国最高法院依据《谢尔曼反托拉斯法》，判决标准石油公司是一个垄断机构，将其拆散成为三十几个地区性的石油公司。

企业如此，人也一样，愈发严重的财富两极分化一直都是现代社会讨论的热点话题，越来越多的财富被掌握在极少数人的手中，也一直是市场经济发展过程中难以解决的顽疾。所以，政府会通过税收等一系列政策，将财富再分配给那些利益受损的个体，来维持整个群体的稳定。

以美国建国为案例，美国建国者同样是在双重性矛盾的影响之下设计国家制度的。

一方面，美国从英国殖民者手中独立的时候确实是渴望自由与民主的，决心不能让人民被专制的政府所压制。想要杜绝暴君统治，避免有一个人因为自身利益最大化而让群体利益受损的情况出现，于是建国者采用三权分立的方式，将立法、行政和司法三种国家权力，分别交给国会、总统、最高法院分别行使，并且相互制衡。

这样即使是在个体中看似拥有最高权力的美国总统，也会受到另外两方的监督，国会可以以弹劾等形式制约甚至更换总统，最高法院拥有司法审查权，可以制约国会与总统的违宪行为；而总统也可以借助否决权，决定立法能否通过，进而对立法过程施加影响，最高法院大法官也是由总统提名的。为了防止总统专权，建国者又在宪法中规定，国会两院可以各以三分之二议席的多数票重新通过立法案，以此推翻总统的否决，使法律或法令生效，从而达到分权制衡的目的。

另一方面，建国者也充分考虑到了怎么更好地保护自身的利益。只要对他们的背景稍加了解，就会发现他们几乎都具备这两个特征：第一，是受过高等教育的人士；第二，是拥有很多土地和财富的大地主或者有钱白人男性。他们在当时属于绝对的统治群体，在恐惧暴君统治的同时，也很担心另一种情况——暴民统治的出现，于是在宪法里对选举制度做了很特别的安排。

在美国建国初期，为了把大部分人排除在选举之外，在早期宪法中规定有选举权的选民必须是有地产的白人男性。早期的选举人团制度（Electoral College）也规定州的选举人由州议会直接任命，并不是由选民一人一票选出来的。这样安排之后，选民是与自己类似的白人男性，选举人团也是经过州议会筛选出来的，能更好地代表统治群体的意志，而并非由广大群体随意决定的。

美国国会的两院制也是如此，众议院的议员数量按人口比例，参议院的议员数量按每州两席。众议员两年改选一次，参议员更复杂，他们的任期是六年，但并不是每六年换掉所有人，而是分时段进行，每两年改选大约三分之一的席位，逐批更新换代。

之所以这么设计，是为了让参议院成为不会被民众的强烈情绪所快速影响、可以静下来思考的机构。退一步来说，如果参议院做了民众非常反感的决定，就算愤怒和狂热的民众想换掉他们，也是很困难的，因为每两年最多只能换掉三分之一的席位，并不能左右大局。

以上种种煞费苦心的政治安排和制度设计，都是为了避免暴君统治与暴民统治，或者说是寻找个体利益最大化与群体利益最大化之间的平衡点。政治制度背后其实就是群体思维故事，它被塑造出来之后就被推广到广大民众中，乃至全世界。

第 2 节　个体思维故事和群体思维故事都需要不断调整

我曾在《思维故事：掌控人生剧本》一书中提到，绝大多数思维故事都有正负两面。思维故事的建立是为了自我保护，以及建立必要的安全感，让我们获得已有的成功。然而，不得不承认，现有的思维故事也的确会使我们受到局限。

美国第三十六任总统林登·约翰逊（Lyndon Johnson）是历届美国总统里被调查得最为详尽的一位。美国著名传记作家罗伯特·卡罗（Robert Caro）花了四十多年时间，采访了与林登·约翰逊相关的大量人物，发掘了很多一手资料，将这位总统的方方面面尽可能真实地还原了出来。

林登·约翰逊出生于得克萨斯州一个很穷困的县，家族里好几代人都在那里居住并且参与当地的政治活动。他的祖父曾担任过州众议员，父亲山姆·约翰逊（Sam Johnson）也曾经当选过州众议员，在当地有一定的影响力。很小的时候，林登·约翰逊就被父亲带着去州众议院开会，从那时起，他就爱上了政治。山姆·约翰逊是当地农场主，但好景不长，由于在农地投资上的一次失误，从富裕的农场主变成了一无所有的人，甚至还背上了一辈子都不可能还清的巨额债务。身为长子的林登·约翰逊印象深刻的是，每当他到镇上的小店赊账买东西的时候，老板总是会对别人说："你看，这是山姆·约翰逊的儿子。他和他爸爸一样，以后也不会有什么出息。"

正是因为这样的童年经历，让林登·约翰逊形成了两个非常鲜明的性格特点：第一，非常害怕失败；第二，渴望获得认可和爱戴，但又不相信别人会真正爱他。

虽然非常害怕失败，但也正是因为这点，让林登·约翰逊不断进取，拼命工作。他第一次参加国会选举时才 28 岁，当时为了拉到更多的选票，几乎跑遍了整个选区，瘦了 30 多磅，以致在正式选举前的几天，不得不住进了医院。为了得到尽可能多的选票，他还做了很多的创新。现在看到总统候选人竞选时常常会坐着直升机到各地拉选票，最初就是林登·约翰逊开创的。

林登·约翰逊得以成为总统，属于比较特殊的情况。他是在时任总统约翰·肯尼迪（John Kennedy）被刺杀之后，从副总统的位置上临危继任的。因为美国相关法案规定，总统一旦被刺杀，第一顺位继任者就是副总统。

事实上，林登·约翰逊在之前的党内竞选中就完全有机会战胜约翰·肯尼迪。当时约翰·肯尼迪只是一名民主党参议员，而林登·约翰逊则是参议院民主党领袖。他的支持者都希望他尽快出来参与竞选，但正是出于害怕失败的个性，他始终犹豫不决，一拖再拖。而约翰·肯尼迪却很好地利用了这段时间，拉到很多的选票。

等到林登·约翰逊终于下定决心参选，约翰·肯尼迪已经攻城拔寨，获得了绝大多数党内领袖的支持。在此之后，约翰·肯尼迪为了获得更多来自南方选民的支持，邀请林登·约翰逊做竞选伙伴，最后就任副总统。

在公众面前，林登·约翰逊富有亲和力，能叫出很多人的名字，以及说出他们来自哪里，喜欢什么，有哪些家人，等等。他也会拉住你的手，搂着你的肩膀，很亲切地和你交谈，仿佛一家人那样。但私下里，他其实是一个淡漠和自私的人，会毫不留情地丢弃那些没有利用价值的人。对他来说，没有一个人是真正值得信任的。

林登·约翰逊临危受命继任总统后的政绩斐然，任内通过的法案至今仍影响着美国社会，例如签署民权法并赋予黑人选举权，大力推动医疗保障、医疗补助、环境保护及教育援助。当时舆论普遍认为，他的声望达到了最顶点。当时在美国政坛有一句话就是“就算上帝和他竞争，都未必能赢”。然而，就在形势一片大好、即将获得党内提名时，他还在白宫犹豫是否要退出竞选。

为什么他会如此消极？正是因为他极度害怕失败和不信任他人的性格因素所导致的。这一切都源自他童年时代的家庭变故，以及从而产生的思维故事。他的“怕失败，要努力”的思维故事，使他一步步奋斗，直至登上总统之位，将他推到人生的顶峰；而他的思维故事的另一面“怕失败，不信任他人”，也限制了他，一直延续到他生命的终点。

旧的思维故事虽然给过我们很多帮助，但也带给了我们很多限制。不管我们年纪或大或小，内心都有一些引以为豪的东西，是这些思维故事让我们成为现在的自己，造就了现在的成功，但如果我们还想攀登到更高的地方，这些思维故事可能就会成为阻力，把我们禁锢在舒适区，这时就需要重写这些思维故事。

在社会层面，群体思维故事也是如此。在当时来看，不论是封建专制、资本主义还是社会主义，都被群体认为是最先进、最理想的群体管理制度，似乎完美匹配了当时的经济发展与技术水平，一切都设想得很到位，但事实上再理性的设想在实际执行中也会不断受到主观和感性的冲击，而且在群体中永远无法避免更根本的双重性矛盾。

之前讲到美国国家制度和政权体系，是被建国者经过深思熟虑后建立起来的，后来也陆续被严谨地修正和更新的群体思维故事。从表面上看，是理性的、民主的、制衡的，但在具体过程中，存在着各种需要的调整，最典型的就是附带着强烈的种族利益倾向且维持了相当长一段时间的“隔离但平等”（Separate but Equal）法规。

这些法规的诞生可以追溯到 1860 年的美国南北战争，战争爆发的根本原因是黑奴制应该废除还是予以保留。虽然，北方联军最终战胜了南方奴隶主，黑奴得到了解放，但整个社会对黑种人的种族歧视仍然存在，对黑种人的社会成见和潜规则不难寻觅。那些被称为隔离但平等的法律条款或规则，诸如黑人不可以与白人共用洗手间，黑人的孩子不能与白人的孩子上同所学校，黑人座位与白人座位要有分隔等等，直到南北战争胜利后的一百年，也就是 1965 年以后才逐渐被废除。

从本质上看，思维故事的性质注定它在帮助我们的同时，也可能限制更进一步的成长。

一方面，思维故事关联着情绪，因为情绪是推动人们执行思维故事的加速器，通过情绪使身体分泌激素，才能调动人最大的积极性，让整个群体以统一的步调运行起来，快速达成目标，这是思维故事的优点。

但相对的，人一定会相信自己的思维故事就是正确的、最好的，因为只有这样才能调动情绪，帮助自己快速执行思维故事，但这也会在不经意间形成偏见：和自己不一样的思维故事就是错误的，应该被更正，被淘汰。

在人们的传统观念中，资本主义和社会主义这两种不一样的群体思维故事一直存在对立，就会导致在判断的时候附带情绪：社会主义国家的人一听到资本家，马上就要打倒他；资本主义国家的人一听到共产党人，马上就觉得是对自己有害的。

但事实上，不同的群体在执行群体思维故事的过程中早就发现了自己的很多弊病，也开始有意识地向外界甚至对立者进行参考和学习。美国从 1933 年的罗斯福新政开始，采取了很多社会主义所倡导或运行的社会福利、失业保险等措施，美国人也欣然接受并一直保持至今，已经成为美国群体思维故事中不可分割的一部分；同样，中国也曾激烈讨论过发展市场经济这件事情，到底“姓资”还是“姓社”，从改革开放开始，中国借鉴了很多西方国家市场经济的发展模式和方法，现在早已是中国群体思维故事的组成部分。

人类就是通过不断验证实践，改写思维故事，实现进步与发展的：试想古人第一次遇见洪水的时候，会是怎么想的？可能最初会认为是河神、龙王发怒了，然后开始祭祀，希望能够平息神灵的愤怒。接下来的事实证明，这么做是没用的，而且浪费了物资，甚至牺牲了人的生命。那么就调整思维故事，另谋计策，例如建一个水坝，洪水来的时候可以蓄起来，平谷错峰，而且防洪的同时还可以发电，好像解决问题了；但又发现因为水坝破坏了周围的生态环境，很多动物都死了，甚至影响了地质结构，这种情况也要避免，就要继续调整思维故事，去治理环境……

要认识到，思维故事不分绝对的对错，也没有绝对的好坏差别，因为它终究只是现阶段人类对客观世界的主观反应，思维故事有它的益处，让我们获得现阶段的成就，但也有其局限性，阻碍了我们进一步的成长。

这么说并不代表这个世界就不存在对错，人要对客观世界产生反应，就必须有思维故事，而现阶段的思维故事确实也是最适合我们的，我们就是根据这些的思维故事去适应和推动当前的客观世界，但更应该认识到的是，对错的背后有着更深层次的双重性矛盾，在任何制度的背后也都隐藏着双重性矛盾，那就是个体利益最大化和群体利益最大化之间的矛盾、个体思维故事和群体思维故事之间的矛盾。

第二章

成长的焦虑

内在与外在如何兼顾

引文

成长的顾此失彼
引发诸多问题

回顾人类历史就会发现，科学技术的飞跃与生产力的提升主要集中在最近的三百多年。在此前长达数万年的时间里，人类改造客观世界的能力的发展速度极为缓慢，直到进入工业时代才有翻天覆地的加快。

机器在很多方面替代了人力，使生产效率大幅提升，高新科技尤其通信技术的快速发展也在极大程度上改变了人类社会，使人们的生活更便捷，做事更高效。生产力的革新与时代的更迭推动人们不断成长，如果跟不上节奏，就很容易被淘汰，于是成长就成为人们越来越关注的事情。

相对而言，成长分为两类：一类是外在成长，相对客观，可量化，易统计；另一类是内在成长，相对主观，难以由数字来体现。

现在的人们更注重外在成长。这些发展是外在可见的，能够用数据来量化。例如，一提到人口红利，可以统计出生率；一提到经济发展，可以研究国内生产总值（GDP），等等。不可否认，重视外在成长给人们带来了极大的好处，也推动着社会的进步。但在这样的趋势下，人们不知不觉之间就忽视甚至损害了在情绪、思维和品德等内在维度上的成长。

值得一提的是，人类改造客观环境的能力在快速提高，但自身内在结构的变化却是非常缓慢的，例如现代人的大脑、神经、情绪等，都和数万年前的人类没什么本质差别。主导人类的内在依然是那些主观的思维故事，不管是每个人自己的个体思维故事，还是每个人身处的群体思维故事，对个体感受、解析和反馈客观环境起到了至关重要的作用。从这个角度来说，内在成长就是要不断认识和改善自己的思维故事。

内在成长极其重要，事实证明，轻视或忽略这方面的成长将会给人类带来巨大的困扰。例如，从国家层面来看，任何国家在注重基建、工业、贸易、科技、军事等看得见摸得着的硬实力发展的同时，也不能忽视文化、教育、法制等一系列软实力的提高。虽然软实力发展不像硬实力发展一样，可以很准确地用数据来衡量，但如果因此忽视后者的话，将给国家带来严重的后果，也会制约前者的发展。从个体层面来看，任何个体在追求经济收入、衣食住行等物质条件不断提高的同时，也不能忽视情绪、思维、品德等内在世界的充实与成长，否则两者之间不断拉大的差距将造成诸多问题，例如物质层面丰盛发达，精神层面却始终伴随着焦虑、抑郁、暴躁等负面情绪。正确对待物质财富，不仅是看客观上拥有多少，还要看主观上能否认识、珍惜和感恩所拥有的。

人们并不是没有意识到内外不平衡的“成长的焦虑”，可现实情况是群体越来越侧重可衡量的外在成长。其中重要原因就是外在成长和内在成长之间出现了矛盾，也就是说，外在成长会影响和改变人们的思维故事，甚至“剥削”人们的思维，从而在主观上创造“需求”，让人们不断产生消费的冲动欲望和实际行动。因此无论是对个体还是对群体而言，如何兼顾内在和外在的共同成长，至关重要。

第 1 部分

成长的内外

第 1 节　成长的重心为何从内在转为外在

英国经济学家安格斯·麦迪森（Angus Maddison）系统地整理了各国学者所整理、发掘、归纳的历史数据和文献资料，在其著作《世界经济千年统计》和《世界经济千年史》中，对过去两千年世界宏观经济进行了定量的分析和研究。在这两本书中，安格斯·麦迪森尝试计算出世界各主要国家和区域在公元元年到 1870 年的 GDP、人口和人均 GDP。

安格斯·麦迪森的研究和著作引人关注，除了因为他是这方面的先行者，还因为他的计算和结果引起了很多争论。为什么会有争议？因为与漫长的人类历史相比，GDP 只能算是一个“新名词”。

1937 年，美国哈佛大学经济学家西蒙·库兹涅茨（Simon Kuznets）出版了《国民收入和资本构成》，书中概括地说明了国民收入和国民生产总值的定义及估算方法，现代国民收入核算体系的基本结构也从此逐步建立。1944 年的联合国货币金融大会（即布雷顿森林会议）把 GDP 作为衡量国家经济总量的主要工具。也就是说，用量化数据衡量社会成长，尤其是经济成长，是最近一百年内才诞生的“新事物”。而在此之前，无论东方还是西方，都没有把经济当作唯一的成长衡量标准。

当时的人们更注重什么？是内在成长。例如，一说到成功，现代人的思维故事大多倾向于外在成功，关注的通常是这个人赚了多少钱，创建了多大的企业，获得了多少粉丝等。而如果放在过去，个体有这样的想法，可能会被社会视作另类。

在中世纪的欧洲，那时被社会认可的成功者绝大多数出身贵族阶层。他们拥有大量土地和庄园，接受最好的教育。那个时代的成功典范还有传教士，他们被认为是神的代表。受过精英教育的传教士不但精通教义，还有非常高的社会地位，受人景仰。

与此相反，当时的犹太人虽然在金融方面有着巨大的影响力，但社会地位却普遍不高，远远不能被称为“成功者”。绝大多数欧洲人信仰基督教，受限于教规，不能从事有息借款业务，而犹太人信仰犹太教，没有类似的限制。于是，犹太人逐渐变成了欧洲最大的债权人群体，但同时他们也是不受待见、被边缘化的群体。当时社会所看重的因素更多是难以更改的、非量化的，例如家庭出身、性别、种族、宗教信仰等。因为这些都属于那个时代的思维故事和衡量成功的标准。

在封建时代的中国，儒家倡导的“五常”备受推崇，不论是帝王将相还是平常百姓都以仁、义、礼、智、信为重要的地位考量标准，品行高洁的“君子”也就成为人们心中成功的人。

尤其在隋唐以后，获得成功主流的途径是参加科举，然后学而优则仕，步入官场，出将入相，留名青史。人们的群体思维故事普遍是“万般皆下品，惟有读书高”。商人的社会地位非常低，在“士、农、工、商”四民中，商人被排到了最末位。如果那些受当代千万粉丝热烈追捧的影视娱乐明星穿越时空，回到古代的话，更是连排名都挤不进去，往往会被归入“教坊”或“乐籍”，是被认为不入流的群体。

看到这里，很多人不禁要问：“为什么过去的人们更注重内在成长呢？”重要的原因是人们还没有足够的能力改造和驾驭外部环境，甚至连维持基本生存都不容易。人类既难以抵御自然灾害，也无法遏制野兽攻击，加上医疗条件低，很多现代人看来很普通的疾病都可能随时夺去古代人的性命。在这种情况下，注重内在成长能够把自己的内心打造得更加强大，使自己更有勇气和毅力来接受外界的各种挑战。

工业革命是人类历史上重要的分水岭。在此之后，科学技术很快成为第一生产力。人类发现，科学真是非常好的工具，利用各种科学的方式方法可以最大程度地改善客观世界。

首先，近代医学快速发展，使得大多数疾病的治愈成为可能，疫苗接种的出现也让天花、麻疹等难缠的传染病销声匿迹，人类的平均寿命得到了极大的提高。其次，自然灾害也开始得到更好的预测和防御。例如，台风、洪水、地震可以通过科学观测建立预警机制，房屋的防风抗震等级越来越高，城市的排水抗洪能力也越来越强。野兽攻击就更不用担心了，现代人的城镇化程度高，居住环境日益改善。换而言之，以前不能解决的问题现在大多数都被解决了，而解决这一切的工具就是科学。

于是，人们不再像以前那么关注内在成长，转而开始倚重科学，更侧重外在成长，尤其是能以数据为衡量维度的那部分。这时候，新问题就产生了，即内在成长与外在成长之间的矛盾，而且随着外在成长加速、内在成长脱节，矛盾变得越来越严重了。

第 2 节　时代快速变化对内在成长产生巨大挑战

现代社会以科学为生产力的基础及衡量标准，科技在推动着时代产生快速变化。在现代人的印象里，似乎很多刚冒尖的新事物、新兴产业转眼之间就闯进了人们的工作和生活，并且占据了重要位置，而某些曾经习以为常的岗位和行业被淘汰的速度也很快，甚至都没留下多少痕迹。

例如 20 世纪后半叶，政府和民众逐步意识到化石燃料在燃烧的过程中产生的有害气体和烟尘微粒污染了大气和水源，其中的温室气体还会使全球气候变暖，对人类的生活环境产生负面影响，是不利于可持续发展的。于是，传统能源正在逐渐被取代甚至淘汰。

在美国，精英阶层也面临着相似的局面乃至困境。我有一位朋友从事医疗行业，他本科毕业于斯坦福大学，之后就读南加州大学医学院，所学专业是影像医学。从事这个行业要付出很多，他在学习、考试和临床实践上用了整整 12 年，然后才开始正式工作。作为影像医师，他的主要工作就是通过观察和诊断医疗影像为病人提供医疗服务。

照理说，名校毕业的医生收入应该很可观，但实际上他的收入并没有别人想象的那么高。时代在快速变化，过去被认为优质、待遇丰厚的医疗行业正面临着巨大的变革和冲击。

首先，变革来自美国内政。随着奥巴马医疗保险的全面推广，美国本土的医疗成本被迫一减再减。由于医疗资源整合能使成本大幅降低，很多中小医院和私人诊所被合并了，形成一个个大的医院联盟。整合后的医院对医生采用雇佣制，导致他们的工资被压低。其次，全球化对美国的医疗产业也产生了不少的冲击。为了降低成本，医院会将相对简单的影像照片直接通过互联网，传到印度或其他人力成本相对较低的国家，让那里的医生来看，以减少医院的支出。再者，人工智能技术发展迅速，可以分析简单的影像照片，从而取代了部分医生的工作。

综上的种种因素导致美国本土医生的工资不升反降。一名有经验的医生，年薪能拿到10万—20万美元，已经是非常不错了。乍一听，年薪20万美元属于很不错的收入。但正如之前所说，在成为合格的医生之前，从医的学生需要投入的时间和金钱成本是极其高昂的，因而背负的助学贷款也比其他学生多很多。

在过去，医生在大医院累积了几年经验之后，就会开设自己的私人诊所，每年可能有超过百万美元的收入。但现在，大多数中小型医院都被合并，医生成了受雇者，再加上全球化和技术发展的影响，医生花了更高的学习成本，收入却比以往降低。

外部变化那么快，自己能不能跟得上呢？一旦感到自己不适应时代的快速变化，看到周围人不断在超越，而自己却停滞不前，人们就会产生各种负面情绪，相比以往更容易陷入成长的焦虑中。

科学的出现让外部环境被改造得越来越适合人类生存和发展，没有野兽攻击，很多疾病都能得到提前预防或对症治疗，沉重不堪的体力劳动更多地被机器承担，几千年来人类担心的问题现在大多数都被解决了。照理说，绝大多数人应该过上了无忧无虑的生活，但为什么焦虑、担心并没有减少，反而还日益增多了？

主要原因来自两方面：第一，人类脑部的构造和运作决定了每个人都是通过五官来感知和获取外部信息，然后通过主观的判断来形成自己的思维故事。换句话说，人都是以主观的视角来判断事情是不是有危险，是不是要操心。而如何得出和调整主观判断，很大程度要看你的内在是否足够强大。第二，科学本身是改造外部的好工具，但人类过于依赖科学、侧重外在成长，而不再像以往那样注重内在成长，缺乏“内心锻炼”，造成很多现代人非常脆弱，遇到一点小事就会引发很大的负面情绪。

面对“成长的焦虑”，必须探讨重要的议题——什么才是真正的成长，如何去衡量真正的成长。

2018年，我出版了《终身学习：哈佛毕业后的六堂课》，书中提到在个体的全方位成长方面至少应该包括六个维度：健康、情绪、思维、关系、事业、财富。可在现实社会中，人们往往注重财富、事业，而忽略情绪、思维及关系，因为财富和事业属于外在成长，可以用具体数据来衡量，而其他方面则属于内在成长，难以得到量化，并且还因人而异，很大程度上取决于每个人主观的个体思维故事。

个体成长如此，群体成长同样如此。

理论上来说，群体也应在外在成长和内在成长之间取得良性结合。企业除了追求经济效益，还应重视文化价值观、品牌形象、员工关系、社会回报等多方面的发展；国家除了发展经济和提振民生，也要积极提高国民素质、教育水平、创新精神等软实力。

和个体一样，群体也容易陷入片面成长的陷阱中，也就是侧重于更容易被量化衡量的外在成长。这就好比，当要衡量企业发展，只看它每年的收入规模是否变大，利润率是否变高；衡量国家是否发达，只因为GDP或人均GDP已经达到了一定的数值，等等。至于其内在成长部分，则较少有人关注，于是久而久之，这方面的风险和挑战就越来越大了。

第 2 部分

成长的失衡

第 1 节　经济成长与思维剥削的内在联系

《世界经济千年统计》中的数据显示，在工业革命之后，GDP 数字开始快速提升，人们也找到或开发出越来越多的指数来衡量经济发展，例如生产者价格指数（Producer Price Index，简称 PPI）、消费者价格指数（Consumer Price Index，简称 CPI）、失业率等。

毫无疑问，经济成长给人类带来了巨大的福利。它推动社会进步，促进技术发展，使得人类进入了物质空前丰盛的时代，有机会体验更多的产品、服务以及其他福利。但过度注重外在成长，尤其是经济上的成长，也带来了巨大的负面影响。

首当其冲的是财富分配不均，其次是产能过剩所引发的矛盾。前者被很多人所熟知，而后者却可能被忽视，实际上它非常重要。

生产与消费之间存在着互相制约的关系。一方面，生产决定消费。生产力不断发展，推动着消费质量和水平不断提高；另一方面，消费对生产具有重要的反作用。在市场经济中，消费拉动经济增长的作用非常明显，一旦消费乏力，就会导致生产环节出现产能过剩的问题。

例如在2008年，美国陷入了金融危机，民众的消费力大幅下降。在物质依然充足的情况下，大家口袋里没钱，无法去消费各类商品。于是，大量牛奶被倒入沟渠，农作物直接被碾碎当作肥料，大批货品堆积在仓库之中。虽然金融危机爆发，但生活依然可以继续，勒紧腰带过日子也不是不行。这其实体现了，绝大多数消费并不是人们所必需的，而是需求被开发的结果。

换而言之，你真正需要的并没有你想象的那么多，毕竟一个人在客观上对物质的需求是有限的，但思维故事的判断是主观的，就算客观上不需要，只要人们主观认为是需要的，就会去购买。所以，要认清本质：除了生存所必需的客观需求之外，其他大量的需求都是被人为制造出来的主观产物。

从经济成长的角度来看，社会生产和消费的商品越多，经济增长率就越高。经济学家根据宏观经济学中的“消费乘数效应”，构想了这样的场景：假如有人消费了100元，就会有商家获得100元的收入。然后这100元收入中的一部分会被用来消费，成为其他商家的收入；另一部分会被用于扩大再生产；也许还有一部分被用来储蓄，然后通过银行被其他人贷走，用于消费或者投资……如此循环往复，不断地产生滚雪球的效应，整个经济体的消费越来越多，创造出的产值也会越来越高。

按照这个理论，为了促进经济发展，就需要卖出更多的商品；想要卖出更多的商品，就要充分激发市场活力，挖掘出更多的消费潜力，换句话说，就是更多地引发客户心中的欲望，使其转化成现实中的购买需求，即“从欲望到需求”(from want to need)。

在日常生活中，到底是哪些因素影响着人们的需求呢？答案有很多，最根本的答案是思维。于是，商家会想尽办法，通过影响你的内在，改变你的思维故事，来引发出更多的欲望，这些欲望会让你觉得必须拥有原本不是必需的东西，驱使你购买更多的商品和服务。从这个角度来看，经济成长的过程，其实就是对个体思维进行剥削的过程。

人类最初的需求都是基于生存的需要，而在这些生存需求被满足之后，其他更高阶的需求是如何开发出来的呢？

以丝绸为例。早在商代，中国的丝绸生产就已初具规模。由于原材料稀缺，极耗人工，丝绸在当时的造价非常昂贵，于是便成为贵族阶层的专属消费品。事实上，丝绸也好，棉麻也罢，在生存层面上并没有本质差别。然而，当这类商品被人为地赋予和划分阶层属性之后，新的需求就产生了。丝绸不再仅仅是一种面料，更多地成为权贵的象征和标志，也就从生活可选品变成了阶层必需品。

当代艺术也是能很好说明从欲望转化成需求的案例。很多人刚开始看当代艺术品的时候都不明所以，会说“这幅画那么简单，我也能画得出来”。这些看似简单的画并不是人们的生活必需品，但却能卖几十万、几百万甚至好几千万元，原因就是艺术家找到某些独特的角度，用抽象的、浓缩的方式，体现了他们对当时社会的生动诠释和深刻认知。当这样的思维故事被群体接受后，艺术品就被认为很有价值，而且由于还是限量的，会引起人们争相追逐，觉得必须拿下，最终往往以竞价拍卖的方式卖出高价。

当人们把欲望转化成需求，甚至具有必须性的时候，也就一定会进行消费了。可能很多人都没有察觉，会说“我就是喜欢穿好看的衣服”“我就是要住更大更舒适的房子”“我就是要用更好的东西来招待我的朋友"，强调这些都是自己的选择和需求，却忽略了这些需求背后的思维故事都是被外界影响所导致的。

人在需求方面的思维故事是怎样被影响和改变的？简单来说，就是打破旧有的思维故事，重塑新的思维故事。

如果回顾20世纪五六十年代的中国老照片，不难发现当时人们的服装款式和色彩都极其单调，基本就是衬衫，颜色只有白、黑、蓝、灰四种。然而，才过了几十年的时间，人们对着装的概念已经有了巨大的改变，不仅注重款式、面料、色彩等流行元素，还会关注到人文细节，甚至追求独创性。

造成前后如此巨大差别的重要原因除了经济的提升，还有就是群体思维故事的改变。在建国初期，百废待举，物资缺乏，人们的服装号召整齐划一，西装从公共场合中消失。改革开放后，经济发展需要告诉人们通过购买多样化的商品，可以更好地体现美好的个人形象。跨入21世纪以来，经济成长速度飞快，其快速成长就得益于需求的不断扩大。着装概念方面如此大的改变，就是因为人们在衣着需求方面的群体思维故事被不断打破和重塑。

提起"国民床单"，相信都再熟悉不过了。这是一种在20世纪80年代广泛流行于中国家庭的床上用品，有着单一的底色，上面点缀了传统又喜庆的简单花纹，材质相当耐用，以致到今天还有不少家庭仍在使用。单一归单一，但耐用是真的耐用，老人家常常感叹，现在已经没有这种"用一辈子都用不坏的床单"了。坚固耐用就是上一辈人对商品的群体思维故事，可能难以得到现代人的认同，但从经济发展角度来看，非常好理解。

1980年，中国国内生产总值只有4517.8亿元，正处于物资匮乏的阶段，相应地也把中国人的需求压到了最基础的标准。为了应对匮乏，减少购买，商品生产要非常注重耐用性，而给消费者灌输的思维故事当然也就是耐用了。

到了2019年，中国国内生产总值逼近100万亿元大关，比1980年足足翻了221倍。在近40年里，如果人们对于商品的群体思维故事还只停留在坚固耐用上，就不可能开发出如此多的需求来拉动消费和刺激经济。

时至今日，床上用品广告早已不再主打坚固耐用了，取而代之的是各种新的概念，例如色彩、触感、环保、个性等。不断更迭的广告背后，是商家在不断重塑人们对于床上用品的群体思维故事的过程，例如丝质的材料更易于舒缓疲劳，减少肌肤皱纹；季节变化了，必须随之更换不同材质的床品；年轻人可以把自己喜欢的词语或图案印在床品上，来表达自己的个性和观点，等等。

提及广告，可口可乐的广告是经典，总是能深入人心，营造出“喝可乐会很畅快”的感觉。早在1904年，可口可乐在美国就用“美味畅爽”（Delicious and Refreshing）道出了可口可乐的产品特质，也是使用频率最多的广告语之一，畅行百年，历久不衰。可口可乐公司想塑造的思维故事是：如果想要开心，就得喝可乐。时隔百年后，在2009年，伴随着一系列脍炙人口的快乐营销活动，可口可乐启用了广告语“畅爽开怀”（Open Happiness），继续向人们营造可口可乐制造、分享、传递快乐的使者形象。

同样的例子有很多：在美国，朋友聚会一定要有冰啤酒；在中国，亲友相聚经常互相敬喝白酒。这些其实都是被影响和塑造出来的思维故事，因为就生存的客观条件来说，酒并不是必需品，只是消费者的思维被剥削了，被深谙其道的市场和商家影响了，使消费者在主观上觉得这是聚会必需品。

在 20 世纪 50 年代，美国曾大力倡导一种传统的美国家庭价值观。当时是这么描绘典型的美国中产家庭的：拥有一座独立的洋房，四周围绕着漂亮的白色篱笆，穿着得体的父母带着两个孩子和宠物，在草坪上开心地玩耍。围绕着这个思维故事，美国家庭的很多需求不断被开发出来，例如对优质房产和家具的需求、对穿着打扮的需求、对子女教育的需求，等等。

近十几年，类似的故事也在中国上演。随着经济水平不断提高，中国的中产群体的数量正在日益增加，有机构称他们为“新锐中产”，并下了相应的定义：年薪达 10 万—50 万元左右，除去家庭基本开销外，仍具备一定的消费能力及投资能力的社会群体。

定义的本身就是在打造新的群体思维故事，背后关联着消费需求，例如咖啡、红酒、私家车、出国游、优质教育等。为新锐中产家庭描绘出这样一个生活方式后，他们的群体思维故事也就随之得以重塑。

值得注意的是，中国的中产人士在享受到比上一辈更优质的物质生活的同时，也成为比上一辈更容易焦虑的群体。他们虽然赚得不少，但在房贷、教育、医疗和体现个性等方面的开销也非常大，每个人都有“钱到用时方恨少”的感觉。另一方面，绝大多数中产人士的主要收入都来自工资，一旦职业生涯有大的波动或突然中止，他们的生活方式极易受到冲击。这就催生出了新名词：中产焦虑。

焦虑从何而来？如果从成长角度来看，就是社会为追求经济的成长，不断影响人们的思维故事，产生更多的需求，由此衍生出的一系列负面效应。

卡尔·马克思在《共产党宣言》中曾提到类似的观点：生产的不断革命化、一切社会状况不停的动荡、永恒的不安定和变动，这就是资产阶级时代不同于此前一切时代的地方。一切固定的、快速冻结的关系，以及与之相适应的素来被尊崇的观念和见解都被消除了，一切新形成的关系等不到固定下来就陈旧了。一切固定的东西都烟消云散了，一切神圣的东西都被亵渎了，人们终于不得不用冷静的眼光来审视他们的生活状况及与其他同类的相互关系。

可见，马克思早在一百多年前就清楚地看到，社会侧重经济成长所带来的后果。为了实现经济成长，需要不断重塑人们对需求的思维故事，一次次地把旧有的思维故事打破，让越来越多地个体认识到，以前不一定需要的商品现在成了必需品，当主观意识上有新的需求产生时，客观现实中的消费才会源源不断，从而促进经济的快速发展。

第 2 节　为何说“选择自由”是谬论

满足需求本身无可厚非，不少人认为这是追求更好人生的必然之路：能够选择更好更舒适的床单，难道不是生活品质比以往更上台阶的表现吗？即使不买高价的丝质床单，买透气又舒服的全棉床单也是好事。总之，在各式各样商品和服务中，消费者有着自己的选择自由。

事实上在很多环境中，选择自由并不真正存在，而是谬论。其本质是商家迫使消费者进行购买，却在过程中让消费者觉得这是自己选择的结果，因而心甘情愿地掏钱买单。这是看似矛盾却又合理的结果。

为什么称之为谬论？因为很多时候消费者做出的消费决定是受到外界影响的结果，并不是理性的自主选择。从思维故事的角度来看，就是外界推动消费者建立了后天反应的启发模式，并附带了情绪，一旦被触发后，他们会尽快做出相应的决定。

例如一到夏天，可口可乐的各种广告就铺天盖地出现在媒体上。很多人非常喜欢喝加了冰块的可口可乐，因为广告不停地向人们灌输一个思维故事：喝了可口可乐之后就能产生极度“冰爽”的快感。于是，每当你大汗淋漓，想找办法解渴的时候，就会不自觉地快步走向冰箱，很自然地拿出一瓶冰镇可口可乐，咕噜咕噜一饮而尽。

但如果冷静下来深入思考就会发现，可口可乐其实不是补充人体水分的必需品，甚至因为糖分过多而对身体有害。但为什么人们还是会对可口可乐情有独钟，趋之若鹜？这是因为，被广告影响后，大脑构建了可口可乐能带来冰爽解渴的思维故事，并且附带了相应的情绪。以后一旦遇到炎热的天气或者刚刚运动完，你就会下意识地认为喝上一罐冰镇可口可乐是必须的，它能快速带来好情绪；相反，如果没有喝到可口可乐，就会使你感到失落，产生坏情绪。这是你的自主选择吗？——当然是的，因为商家并没有强迫你在运动后或感到炎热的那一刻为可口可乐买单；但毫无疑问，这并不是你百分百的自主选择，而是受之前外界影响而构建出的思维故事且附带情绪的推动下所产生的一次次消费行为。

类似的案例数不胜数，例如钻石。现代人都认为它非常珍贵和值钱，还把它誉为爱情永恒的象征。钻石的物理性质是经过打磨的金刚石，金刚石是在地球深处高压高温条件下由碳元素构成的一种透明晶体。钻石之所以被很多人疯狂追逐，是因为钻石公司告诉消费者“钻石很稀有，所以很昂贵”，更因为钻石公司给人们植入了一个群体思维故事——钻石代表恒久不变、忠贞不渝的爱情。

其实钻石在地球上的储量非常大，目前已探明的天然钻石储量大约有25亿克拉（1克拉=0.2克）。还有报道称，俄罗斯西伯利亚地区存在着世界上最大的钻石矿坑——波皮盖坑，由陨石撞击形成，其直径大约100公里，蕴藏了数万亿克拉的金刚石，可被持续开发长达3000年。随着南非、澳大利亚、俄罗斯等国家和地区的大型钻石矿区被陆续探明和开发，世界钻石产量一下子猛增。为了维持钻石的稀缺度，大型的钻石生产商联合起来，通过收购，形成行业垄断，以求人为控制钻石的产量，其中最著名的生产商就是戴比尔斯（De Beers）。

戴比尔斯公司是全球最大的钻石开采公司，自1888年创立以来，它的名字就成了钻石的代名词。除了严格控制钻石产量，戴比尔斯公司在塑造群体思维故事上也是不遗余力。他们最为经典的广告语叫“钻石恒久远，一颗永流传”（A Diamond is Forever），被美国《广告时代》评为20世纪经典广告创意之一。当这样的广告和思维故事一遍又一遍地被宣传和推广后，无数的男男女女都认为，只有钻石才最适合作为永垂不朽的爱情象征，纷纷把钻石作为定情信物、求婚礼物。在这样的群体思维故事里，在情绪的推动下，买到或者被送钻石的人会很开心，还没拥有的人会非常期待，拥有不了的人则会失望，全因这颗从地下挖掘出来的、闪亮的石头被主观赋予了极其重要的情感和意义。

消费需求产生后，会被不断延伸和细分，还会形成所谓的“个性化需求”。

可口可乐除了向人们讲述和建立“冰爽畅快”的群体思维故事，也在不断地让消费者形成自己对可口可乐的个体思维故事，也就是开发“个性化需求”。例如，消费者可以在超市里买到经典口味的可口可乐，也可以选择樱桃味的可口可乐，还有无糖无热量的可口可乐，以此满足自己对个性化选择的需求。

女性的衣柜里总是缺一件衣服，不同的场合和心情要配不同的口红，世界那么大就该出去走走……广告铺天盖地，广告语直指人心，商家还会传递这样的信息：每个人都应该有自己的选择，你值得被奖励，你值得被犒劳，你值得去拥有。但他们并没有告诉你客观事实的另一面：你自主选择的恰好就是他们想要你买的商品。商家就是通过这样的方式，一次次地让消费者感觉到：只有拥有这款商品，才能满足需求，才能获得好情绪，并且完全是自己做出的选择。

当洞悉了其中的奥秘之后就会发现，手法如出一辙，都是通过一系列的影响，促使你建立一个可以快速反应的新的思维故事，并且附带强烈的情绪。很多人对此深表怀疑，会说："这明明是我自己的选择，是深思熟虑后的选择！"当一个附带着情绪的思维故事被调动起来后，消费者就会情不自禁地陷进去，一次次地去追逐这个情绪。此时，你已经被外在催生的思维故事操纵，已被情绪左右，你并没有做出真正自由的选择——这就是"选择自由"的谬论。

在过去，每当提到剥削，经济学家说到的通常是经济层面的剥削，例如奴隶主对奴隶的剥削、资产阶级对工人阶级的剥削等。但实际上，还有另外一种形态的剥削所产生的影响更大，即经济成长（或外在成长）对思维的剥削，而且通过"选择自由"的谬论，让消费者在不知不觉之间，心甘情愿地遭受剥削。

人在刚出生的时候，脑海里还没有形成关于需求的思维故事。在不断成长的过程中，受到外界因素的影响加上自己主观的判断，形成了一个个思维故事——什么是需要的，什么是不需要的，什么是好的，什么是差的，等等。这些关于需求的思维故事逐渐累积成了每个人的消费观。

人的客观需求是有限的，而主观愿望是无限的。正因如此，想要获得外在方面的经济成长，就得把人们对需求的主观界限一次次地打破，重新构筑，形成新的思维故事，使得更多的主观愿望转化成消费需求，从而发生实际消费。这个过程实质上就是对思维的剥削，或者说是对内在的剥削。这也是为什么卡尔·马克思指出：资本主义为了维持经济的发展，会不断打破老的界限，构筑新的界限，然后再打破，再构筑，周而复始。

第 3 部分

成长的真谛

第 1 节　这五个欲望为何让人成瘾

外在成长和内在成长之间的失衡，尤其是不断剥削思维、创造主观需求以促进经济成长的方式，会产生一系列的负面效应。

近几十年来，消费主义在世界范围内盛行，提倡“把一切自己想拥有的东西买回来”，并将之视为人生的意义所在，但后果是很多人在“买买买”当中堕入了追求快感的陷阱。

从生理学角度来说，快感只是一种情绪，而任何情绪都是无法持久的，过程非常短暂。无论多好的情绪，在大脑中只能产生很短暂的反应，消失了之后就会想去找回来，找不到会感觉不爽，更要去追逐，于是很容易让人上瘾。

当下社会对欲望的无节制开发，使得“上瘾”成了普遍现象，主要有以下几种。

第一种是食物成瘾。

食物成瘾并不是被学术界所认定的疾病，甚至没有公认的明确定义，但因食物成瘾而导致的肥胖问题已经非常严重，成为很多国家所必须面对和解决的社会问题。

《美国医学协会杂志》(*Journal of the American Medical Association*）在 2014 年发表的一项研究显示，美国人口中 30% 的成人和 17% 的儿童属于肥胖症患者。美国人摄入的糖分总量已经远超美国食品药品管理局（U.S. Food and Drug Administration，简称 FDA）的建议量，成为导致美国人肥胖问题的主要成因。

近 40 年来，中国人也普遍越长越胖。根据国际糖尿病联合会于 2019 年发布的第 9 版《全球糖尿病地图》(*IDF Diabetes Atlas*) 显示，中国拥有 1.164 亿糖尿病患者，位于世界首位；成年人糖尿病发病率接近 10%，亦远超其他国家与地区；中国也是老年糖尿病人数最多的国家，65 岁以上的糖尿病患者已达到 3550 万，预计到 2030 年将会增加到 5430 万。

也许你会认为，肥胖和经济状况有着直接的关联。但事实上，在加纳、肯尼亚、尼日利亚这些相对不发达的非洲国家，肥胖人数也在逐年增加。

不健康饮食、久坐少动以及长期缺乏身体锻炼的生活方式是肥胖率上升的主要因素，而肥胖率上升又和情绪有着很大的关联。人类对高糖高热量食物的上瘾与该类食物给人带来的情绪是有着密切关联的。

在漫长的进化过程中，人类为了生存需要大量获取含有糖、盐、油脂类的食物，所以特别偏爱甜、咸、油这三种口味。这些食物会给人在心理上形成满足感和愉悦感，由此产生了相应的思维故事：心情不好时，或者想要寻求快感时，抑或想得到慰藉时，就放纵食欲，因为不停地吃，可以使人开心。

进化过程使人体产生了内在欲望，生活中也存在着各种各样的外在影响。为了追求经济效益，商家会使用广告、活动、赞助、体验等形式，为自己生产的食物赋予更多的文化意蕴，也就是在人们的大脑里构建更多的思维故事，以开发出更多的食物需求。

第二，购物成瘾。

在很长一段历史时期里，人类的物质生活都是比较窘迫的，因此节俭就成为过去常见的群体思维故事。唐代诗人李商隐在《咏史》一诗中写道："历览前贤国与家，成由勤俭败由奢。"意思是：历史上不管是国家还是家庭，成功皆因节俭，奢侈注定败落。

美国主流文化源于清教徒文化，由早期英国移民传入北美。清教徒提倡勤俭简朴的生活，清教主义成为当时人们共同的群体思维故事，提倡的品质主要有：虔诚、谦卑、严肃、诚实、勤勉和节俭。在这样的群体思维故事推动下，清教徒不畏陌生艰险的环境，克服重重困难，很快便在蛮荒的北美土地上成长壮大。

然而时至今日，与节俭反其道而行之的消费主义在全球盛行。消费主义认为人们应该购买更多的产品和服务来获得快乐，鼓励每个人都应该善待自己、宠爱自己。各种节日都可以打造成购物节，例如圣诞节是纪念耶稣的诞生日，本应庄严肃穆的一天，现在已成为全球性的购物节。

从生活必需品的角度来看，真的需要很多衣服、鞋子和包包吗？并不。然而，思维遭受剥削，需求过度开发，使人们对购物上瘾。经常看到，很多人为了所谓的新上市、限量版、明星同款、打折季，不停地进行消费，想不断地在购物中获得快感。

但问题是，消费带来的快感能维持多久呢？要知道，情绪维持的时间是非常短暂的，当快感过去之后，心里反而会产生失落或者空虚的感觉，甚至还会带来焦虑感。

第三种是药物成瘾。

药物是用来治疗疾病的，但用药过度可能会导致人们对药物上瘾。一旦觉得这里痛了，那里不舒服了，就吃几片止痛药，于是慢慢对药品形成了依赖。因心理问题而衍生出的处方药滥用问题，更成为美国社会的灾难性现象。

据统计，仅 2016 年就有 6.4 万美国人滥用阿片类药物致死，数千名儿童成为孤儿。2017 年，阿片类药品滥用致死案数量节节攀升，美国政府宣布全国进入“公共卫生紧急状态”。什么是阿片类药物？简单来说，就是从罂粟中提取出的生物碱及衍生物，主要用于麻醉和止痛，很多服用者认为这可以缓解自己的焦虑。

相关数据显示，美国人每年吃掉的止痛药约占全球总量的 80%，超过 200 万人对阿片类药物有所依赖。更严重的是，问题不仅仅发生在底层群体中，还蔓延到社会各个阶层；也不仅仅发生在因为患病而不得不用药的群体中，还让很多原本健康的人深陷其中，无法自拔。为什么人们如此依赖这些药品呢？其最直接的目的就是要寻求好情绪，逃避坏情绪。

在罗纳德 · 里根（Ronald Reagan）总统执政时期，也就是 20 世纪 80 年代，毒品潮在美国青少年群体里快速兴起，造成了很大的负面影响。他的妻子南希 · 里根（Nancy Reagan）推出过药物滥用抵抗教育项目（Drug Abuse Resistance Education，简称 DARE），教育孩子应对毒品危机，要勇敢地对毒品说不（Just Say No）。

当时我在学校上过相关课程，学习到毒品一般分为兴奋剂（Stimulant）和抑制剂（Depressant）两种。顾名思义，前者就是让服用者产生兴奋的感觉，最常见的毒品是MDNA；而后者就是让人的情绪缓下来，压下来，例如海洛因。很多年轻人出去玩，例如去跳舞，就会先服用兴奋剂，让自己兴奋、开心，拥有快感；而有些人觉得最近很烦，各种不爽，需要解脱，就会服用海洛因，让自己沉静下来。

2019年美国著名智库兰德公司（Rand Corporation）的统计表明，美国的可卡因、海洛因、大麻等毒品的年消费额已达1500亿美元。实际上，不仅在美国，欧洲、亚洲都有类似现象，其背后的原因就是人们想要追逐好的情绪，逃避坏的情绪。

第四种是娱乐成瘾。

在2019年5月25日召开的第72届世界卫生大会上，世界卫生组织（World Health Organization，简称WHO）首次将游戏成瘾列入精神疾病的范畴，说明了现在越来越多的人沉迷于电子游戏，达到了引起高度重视的程度。

很多时候，游戏成瘾可以和网瘾等泛娱乐形式的上瘾归为一类，玩游戏只是其中的典型案例。很多孩子小时候都有过玩游戏玩到废寝忘食、茶饭不思的经历，即使是成年人，也同样对游戏世界抱有各种诉求。因为游戏无分年龄大小，都是满足成瘾者的思维故事与他们对快感的追求。

在线多人联机游戏的先锋理查德·巴特尔（Richard Bartle）曾经提出过玩家分类理论，后来被人们称为“巴特尔玩家模型”。在他的理论里，把玩家分成四类，分别是成就型、探索型、社交型与杀手型，尽管这不是尽善尽美的模型，但其简易性与广泛性可以给人很直观的理解——那些热衷于游戏的个体，追求的情绪是什么，思维故事是什么。

成就型玩家热衷完成某些特定的目标和记录，因为这会给他们不断达成目标的成就感。杀手型玩家热衷于在游戏中打败其他玩家，喜欢享受胜利者的快感。探索型玩家追求的是在游戏世界中的过程与体验，感受现实生活中没有的设定，尝试不一样的人生。社交型玩家就是喜欢在游戏中交友，认识更多有共同语言的朋友，享受与朋友互动的快乐。

无论是哪种类型的玩家，有一点是共通的，就是希望到游戏世界里获得自己在现实生活中难以获得的快感。而游戏之所以让人上瘾，就是满足了这个需求。如果游戏过度，一旦追求好情绪到了玩物丧志的成瘾程度，游戏对人只有百害而无一利。

第五种是色情成瘾。

色情成瘾，不仅仅指为人们提供产品或者服务的“硬色情”，更指生活中看似稀松平常但其实影响深远的“软色情”。所谓软色情，不像硬色情公然违反法律，它不直接向人们展示性器官与性行为，而是以擦边球的形式，通过视频、图片、语言、文字等形式，隐晦地向人们展示性暗示和性挑逗的内容。

很多人可能还没有意识到，软色情真的有那么大的诱惑力和杀伤力吗，它是怎么让人上瘾的?

分享自然界的案例：在澳大利亚西部有当地特产的黄色吉丁虫，研究人员偶然发现，有一群雄性吉丁虫在不停地用生殖器碰撞空啤酒瓶，哪怕蚂蚁爬到它们身上啃咬也不为所动。原因是与吉丁虫雄虫对雌虫的择偶标准有关——颜色越黄越好，体型越大越好，身体表面越坑洼不平越好，结果一个被人随手乱丢的啤酒瓶正好完美地契合了这些标准。

在这方面，人类会比虫子高级多少呢?

人类在感受性刺激与性快感时的反应同样原始。对大脑来说，甚至不需要真人和实物，哪怕是一张图片、一段文字、一个肢体语言，只要涉及对身体的线条、部位、感官的描述和传感，都可以给大脑带来与真人及实物同样的刺激，足以勾起性欲。这也很好地解释了为什么女性常常要精心化妆和打扮，穿着某些能突出身体曲线的衣服，来体现自身的性感，吸引异性的注意力。反之，在男性身上也是如此。

对商家而言，从软色情的角度出发来不断地勾起人的原始性冲动，一直都有事半功倍的效果。韩国的偶像产业是典型的案例，在其娱乐圈已经发展得相当成熟，有着明确清晰的流水线化生产过程：女明星们在整容后有着千篇一律的美好外形，舞蹈的编排具有强烈的性暗示效果，音乐与视频或狂野或暧昧，无一不在刺激着人们的感官……

这些偶像明星可以说就是娱乐公司生产的“商品”，人设与性格完全由公司打造。娱乐公司“创造”她们，就是为了激发和满足粉丝的渴望和需求，让人们趋之若鹜地沉浸其中，狂热的体验很大一部分和软色情有着密切的关系。

在现实生活中，无论是荧幕镜头中的娱乐明星，还是时尚杂志上的服装饰品，抑或是游戏、电视剧中的画面与情节，乃至媒体上别具深意的标题与文字，都在不断地向人们兜售着软色情，人们也乐此不疲地沉溺于这些内容带来的刺激与快感中。

随着移动互联网技术的快速发展，软色情的传播就更便捷了。人们都有手机，都能随时上网，软色情的信息可以无孔不入，充斥着人们的生活。在体验到它带来的刺激之后，大脑会不断地分泌多巴胺，产生强烈的快感，并且希望保持快感，甚至索求更多。

第 2 节　快速变化导致的情绪问题

现代人能享受到的物质基础和医疗条件远高于过去，科技发展带来的生活便利性与舒适性也是之前任何时期都不能比拟的。然而，这个“最好的时代”却催生出了或许是人类历史上最严重的焦虑感，衍生出的心理问题与情感问题也特别显著。

为什么最好的时代会催生出如此严重的焦虑？正如前文所说，这和人们脑海中的思维故事密切相关。

19 世纪末，当时汽车还没有被发明出来，人类的主要交通工具是马车、轮船和自行车等，此外就是步行了。换而言之，人类并没有对汽车的需求，脑海中并没有任何有关汽车的思维故事。但是一旦汽车被制造出来之后，人类的出行方式被彻底颠覆了，于是围绕汽车的需求被不断开发出来，在人们的脑海中就逐渐成为必须消费的商品。

说到美国的汽车品牌，雪佛兰是很有名的。在过去，很多年轻人考取驾照后，买第一辆属于自己的轿车时，通常会选择雪佛兰。1952 年，美国歌手狄娜 · 肖尔（Dinah Shore）推出了一首广告歌，歌名是“和你的雪佛兰一起走遍美国”（*See the USA in your Chevrolet*）。歌词是这样的：

> 和你的雪佛兰一起走遍美国（See the USA in your Chevrolet），
> 美国正在邀请你（America is Asking you to Call），
> 驾驶你的雪佛兰穿越美国（Drive your Chevrolet Through the USA），
> 世界上最伟大的国度就是美国（America's the Greatest Land of All）。

这首歌在当时可谓风靡一时，完美地诠释了人们心中的美国梦，仿佛开上这样一辆汽车，便能把自己对自由的梦想通通实现似的。

到了 70 年代，“棒球、热狗、苹果派，不能少了雪佛兰”（Baseball, Hotdogs, Apple Pie and Chevrolet）又成了当时流行的一句广告语。棒球是美国的国民运动。周末带上孩子，开着车去球场看棒球比赛，是美国人心中经典的周末生活。那开什么车呢？在广告的渗透和影响下，很多人都会选择买雪佛兰。雪佛兰就是这样，通过一个又一个经典的、脍炙人口的广告，把美国人心中对生活的憧憬和自己的商品密切地关联起来。

值得注意：尽管群体思维故事的影响力很大，正如在上述广告的不断播放之下，很多人选择购买雪佛兰汽车，但不是所有人都会买。归根到底，每个人的最终选择还是由自己的个体思维故事所决定，再完美的群体思维故事，再多的宣传和影响，也不可能让每一个人都拥有完全相同的思维故事，这就是在第一章所讲到的、存在于个体思维故事与群体思维故事之间的矛盾。

注重外在成长的社会会不断塑造新的群体思维故事来影响个体思维故事，促进消费。在这个过程中，个体需求被不断催生出来，导致消费增加。如今，汽车已成为大多数人出行的首选交通工具。不同的人对汽车的个体思维故事不尽相同，有的侧重于款式，有的侧重于性能，有的侧重于科技。但说到底，这些个体思维故事的产生依然受到群体思维故事的影响。

某些汽车的广告语会说：这代表着自由，是个性的体现。某些广告语则会说：豪华，大气，体现出高端的身份和地位。广告信息推动人们快速在大脑中建立了一个个启发模式，并附带了情绪，最终使人做出了看似自主的选择。

当你购买了一辆汽车以后，需求得到了满足，这就结束了吗？不！接下来，车企为了追求外在经济成长，会不断将车型细分，不断推出新款，并通过建立新的思维故事来开发出新的需求。

什么？你只有一辆车？那是肯定不够的！除了上下班使用的商务车

外，还需要买一辆大型车，例如SUV（运动型多用途汽车），这样你就可以在周末和家人一起愉快出行了。看，新的需求又产生了！

当今社会正处于商品空前丰盛的时代，售卖出更多商品，才能获得更多收益，想要追求外在经济成长，必须不断挖掘需求，重塑人们脑海中的思维故事。毫无疑问，思维就成了市场经济里的兵家必争之地。

市场经济下绝大多数的销售行为，其实都是在不断地重复做一件事：打破旧框架，建立新框架，不断挖掘出新需求，以推动经济成长。简单来说，有了变化才能带来经济成长，那就不难理解为什么常常听到有人感叹：时代变化实在太快了！

事实上，令人产生这一感觉的并不仅仅是商品、服务和市场带来的变化。究其本质，是每个人对世界的认知以及对需求的思维故事在不停地“被变化”。要知道，人类的大脑进化是极其缓慢的，而对思维故事的改变通常也是缓慢的。

对个体而言，在不断重塑思维故事的快速变化过程中，很容易引发一系列的情绪。为什么？不妨回归到思维故事最本质的问题：人为什么要构建思维故事？

这要追溯到人在婴儿时期建立的第一类思维故事——安全感。

每个人从生命之初就开始不断寻求帮助和建立安全感，并且围绕着安全感建立起一系列的思维故事。当还不会说话时，只能用哭声向外传递各种需求，然后你会发现一旦啼哭就能得到回应。于是，建立的思维故事就是：哭，能推动别人满足我的需求，能使我有安全感。等到长大一些，对这个未知世界进行的探索越来越多，迈出的每一步、做出的每一件事都需要父母给予指引和肯定，并从中让你获得安全感，于是又建立了一个个思维故事：这么做是被认可的，那么做是会被批评的。

思维故事的建立在本质上是给自己的身心带来了安全感。然而，人们当下面临的是快速变化的时代，在经济层面追求成长必然导致旧有的思维故事被打破，新的思维故事不断被建立。

20 世纪 80 年代，美国的传统家庭还普遍是父亲外出工作赚钱，母亲在家抚养孩子。但进入 21 世纪后，社会提倡男女平等，女性独立已经成为常态，“男主外，女主内”的传统搭配模式被打破了。到了现在，同居、丁克、不婚、同性结婚甚至变性，婚姻理念和家庭结构又跟之前很不一样……每个人都在不停地打破旧观念，接纳新观念，融合各种观点，其中的情绪和感受也在不停地随之改变，如此快速且剧烈的变化必然给好不容易建立的安全感带来巨大的冲击。

这也就是为什么时代越来越进步，人却越来越焦虑，物质越丰富，内心越脆弱的根本原因。

第 3 节　如何实现真正的成长

社会变化都包含了经济基础。卡尔 · 马克思提出了经济基础和上层建筑的理论，上层建筑建立在经济基础上，一经产生，便成为一种积极的、能动的力量，促进自己经济基础的巩固和发展；同时向阻碍、威胁自己经济基础发展的其他经济关系、政治势力和意识形态进行斗争。政治上层建筑运用强制手段，把人们的行为控制在一定秩序的范围内，由此就会造成各式各样的社会关系和政治关系。

近几十年来，经济发展让世界范围内的社会关系演变得愈来愈快，技术发展也使得各个领域都产生了巨大的、颠覆性的变化。如果只注重经济和技术这些外在成长，而忽略内在成长，必然会导致失衡。

本章开头提到，当人类通过科学技术很大程度地改变外部世界之后，就发现很多原本难以解决的问题迎刃而解。在古代社会，人类应对天灾人祸，很多情况下是依靠内在信仰来克服恐惧，提振信心。比如遇到旱涝灾害便会祈求神明降雨，甚至会用活人来进行祭祀。但现在，洪水可以通过科学的方式进行预测和疏导，台风可以精确地进行跟踪和防范，建筑的防风抗震级别也在不断地提高。

种种事实表明，科学可以有效地改变外部世界。既然外在成长如此快速有效，那内在成长也就逐渐被人类忽略了。但当外在成长和内在成长之间无法良好结合时，问题必然出现。

时至今日，过分注重外在成长的弊端已逐渐露出端倪。注重外在成长、忽略内在成长必然会产生失衡，失衡就会导致焦虑。在物质最丰富、经济最发达的西方国家，人们患上心理疾病的概率极高。美国人目前就普遍有类似的问题。绝大多数的中产人士都会有一笔固定的医疗开销，那就是看心理医生的费用。几乎每个月，他们都会准时向心理医生报到，治疗自己内心的焦虑。

个体与群体的良性发展不仅需要外在成长，也需要内在成长。关于外在成长的讨论有很多。对于内在成长，要关注什么呢？

匈牙利诗人裴多菲·山陀尔（Petőfi Sándor）有一首著名的短诗《自由与爱情》：生命诚可贵，爱情价更高，若为自由故，两者皆可抛。这首诗流传百年，至今仍为世人称颂，究其原因是每个人心中都有对自由的向往。每当人们朗诵这首诗，就会激起内心对自由的向往和憧憬。真正的自由到底是什么？真正的自由就是拿得起、放得下，掌控自己的内在。

40年前的中国，女性很少化妆，人们信奉“清水出芙蓉，天然去雕饰”，素面朝天代表着朝气蓬勃、整洁自然。但现在，化妆已成为必须的“礼貌”，很多人甚至认为，不化妆就出门等同于在外面裸奔。当你问那些每个月都要买化妆品的人，这是不是必需的？她会说，这款色号的口红我必须要，能配我刚买的衣服。当你问那些想买名贵跑车的人，这是不是必需的？他会说，这是身份的象征，是在他人面前显示地位必不可少的工具。

要拥有真正的自由，首先要认识到上述需求都是源于个体思维故事，而且受到群体思维故事影响；还要明白既然是思维故事，那就是处于主观层面，属于可以变化的；最后要意识到自己可以选择，选择接受，或者选择不接受；选择改写自己的思维故事，而不是一味被他人设定的思维故事固定和限制，更不是被套住后还觉得自己做出了自由选择。

公元 2 世纪的罗马帝国皇帝马可 · 奥勒留（Marcus Aurelius）在《沉思录》中写道：“你真正能够控制的，只有自己的思维，而不是外部世界。当你意识到这一点，你就会得到真正的力量。”（You have power over your mind, not outside events. Realize this, and you will find strength. ）

真正的成长是什么？

第一，就个体而言，是认识到自己有各种选择，也有能力选择，成长的核心就在于真正认识和不断完善自己的思维故事。

第二，群体会影响个体，个体也影响群体，群体与群体之间同样能互相影响。在此过程中，彼此会不断产生观点，或共鸣，或碰撞。内在成长的核心就在于如何客观地、理性地、多元化地了解他人的思维故事和看待自己的思维故事，兼容并蓄，去芜存菁，从而做出“对的选择”——哪些是可以拥有的思维故事，哪些是需要改写的思维故事。

第三，让内在成长来主导成长。如果只注重外在成长，就会出现失控的情况。科技是工具，在客观层面上不分好坏，但一味用科技来追求经济收入的提高，就会被用于剥削人们的思维。

大多时候，人们是通过启发模式来主导自己的一言一行，但我们也有智人脑，能够引发思考，产生更深入的认识。个体可以持续自主完善自己的思维故事，然后从群体施加的影响中，不断让自己的思维故事多元化；随着生产力和经济水平的发展，不断推动外在成长，同时外在成长也能给人们带来内在启发，帮助人们重新思考内在成长怎样更好地让个体思维故事和群体思维故事更加完善，更加适应客观世界。

马可·奥勒留深谙内在成长之道，也是真正做到“拿得起，放得下”的人，体现在他既能享受豪华的宫廷生活，也能亲自征战沙场，在恶劣的环境中生存。因为他的思维故事是如有荣华富贵，他可以享受，如无，他也可以作为战士与士兵食同席寝同榻。他意识到自己的思维故事，可以选择修改和切换，不必被旧有的或群体的思维故事所限制。

对自由的真正沉思，就是不断改写和完善思维故事，外在成长虽然可以影响内在成长，但受内在成长的主导，当思维故事越来越接近真正的自主选择，也就实现了真正的成长。

第三章

领袖的角色

致力解决双重性矛盾

引文

什么是领袖

在当今社会，“斜杠青年”（Slash，指拥有多重职业和身份，过着多元生活的群体）日渐增多，越来越多的个体在职业生涯中有机会接连甚至同时从事不同的工作，这样的情况已经流行并成为社会常态。

在中国，以前一个人在某单位一干就是一辈子，美国之前也是如此，在一家大型企业连续工作十年以上的人比比皆是。但在当今社会，已经很少有人会在一个企业干一辈子了，而是在行业里的多个企业有着工作经历，甚至跨行业就职。在未来，一个人在职业生涯中从事很多不同专业会成为常态，而且大多数人都会这样，例如可能做几年工程师，再做几年作家，接着又从事其他不同的工作。这样的人现在已经越来越多。

随着外在成长加速，行业交叉结合的机会增多，群体的规模有所增加，大群体里各个小群体之间的交汇更加频繁，个体之间的联系增多，每一个人都可以在不同群体中拥有多元化的个体身份。

在这个历史进程中，群体思维故事变化很快，个体思维故事变化也很快，主要原因是技术的进步和国际化的深入。两者之间还是彼此交互的，例如从前者角度，电子加密货币跟过去的纸币很不一样，从而使人们在财富方面的思维故事跟以往有所不同；而从后者看，国际化让人们更方便、更广泛地接触到更多的思维故事，受到的影响也更多。

个体与群体之间存在根本的双重性矛盾，技术进步和国际化深入又使每个个体都可以处于很多不同的群体中，接触和拥有多个不同的群体思维故事，因此不同思维故事之间的影响与摩擦也变得日益激烈。

由于思维故事的形成与人类最基本的需求——安全感密切相关，而且附加了相应的情绪，当遇到与之有所差异甚至相反的思维故事，人们往往会下意识地持怀疑和抵触的态度。尤其在群体中，个体还会受到群体的情绪影响，加速放大了自我的情绪反应。

这涉及人类内心根深蒂固的概念——自我，例如我就是这样的一个人，我一直这么想的，我一直这样做的。人们常常会把个体身份和在群体中的群体身份作为对自我的肯定，进一步加固对原本思维故事的认同，最后导致对顺应的人与事就感到舒适和合理，对逆向的人与事则感到奇怪和反感。

这时，群体中需要有领袖站出来，去弥合群体中存在的各种矛盾，维护群体的存在与运行。其中，成败关键就在于领袖能否从各种角度看待问题，认识到不同的个体和群体思维故事。历史上那些对群体做出重大贡献的领袖，能够在群体面临危机的时候，积极主动地影响甚至改写群体思维故事，引导整个群体的步调，朝一致的方向前进。

第 1 部分

领袖的产生

第 1 节　为什么要有领袖

法国著名的社会心理学家古斯塔夫·勒庞（Gustave Le Bon）在其名著《乌合之众：大众心理研究》中提到过，只要有一些生物聚集在一起，不管是动物还是人，都会本能地让自己处在一个头领的统治之下。

就人类群体而言，领袖的个体思维故事是群体形成意见并取得一致的核心，领袖为个体如何组成群体以及如何发展指出了思维方向，整合了其中的利益和矛盾。

人类是群居动物，为了更好地生存，从配对关系开始，逐渐组成了群体；为了提高群体的效率，又形成了分工合作。如果每个人都只拥有自己的个体思维故事，就很难齐心协力做事情。越重大的事情，持续时间越久，就需要越多的力量参与进来，明确分工，一致合力。在这种情况下，领袖通过自己的个体思维故事直接影响群体思维故事，通过群体思维故事影响到每个人的个体思维故事，可以把众多松散的个体组成能够产生合力的群体。

为了让思维故事实现更有效的传递，领袖与被领导者之间构成了权力关系，其结构形式就像金字塔，处于权力顶端的领袖发号施令，通过下层领袖一级级地往下传达和执行，被领导的个体则服从指挥并采取相应行动。无论在社会哪个领域，任何个体只要处于群体之中，都会直接或间接地处于某个领袖的影响之下。领袖会在思维故事层面对被领导者产生潜移默化且威力巨大的主观影响，这些影响源自领袖的观点、想法、习惯，等等。

领袖从上而下地影响被领导者的思维故事，被领导者也会对周围的人包括上层领导者产生反馈和影响。前者比较常见，而后者可以通过托马斯·潘恩（Thomas Paine）的案例来加深理解。

在美国还未独立建国，尚处在英国殖民地时期，两者之间有着社会协议，大致内容就是英国作为宗主国保护殖民地免受其他国家的侵略和打压，而当地人民则需要承认自己是英国的子民，同时向英国缴纳税收。在这个关系尤其是英国海军的保护之下，美国人既可以和英国及其他英国殖民地进行贸易往来，还可以跟体系以外的国家或地区如法国等进行交易，不用担心遭到欺负。

1754—1763 年间，英国和法国爆发了战争，庞大的军备开支令英国政府一时债台高筑，对殖民地的政策也开始有所改变。英国政府规定所有殖民地都不能跟法国有贸易往来，让美国在经济上受到了很大的打击。从英国角度看，这是理所当然的，既然美国人承认归英国管辖、保护，那就应该和英国同仇敌忾。但是从美国角度看，事态就不一样了。美国在国际贸易中遭受了损失，而且英国还因战事增加了税收，等于遭受了双重损失，还得不到合理的解释与补偿，从此埋下了不满的种子。

1765年，英国政府想把印花税法案（Stamp Act）复制到美国，目的是从美国征收更多的税款。印花税法案规定，在很多场合和环节上都要获得政府部门的某种许可或同意，大到房产买卖的法律合同盖章，小到一副扑克牌，使用者都需要给政府付钱。

这一法案在英国本土推行顺利，也让英国政府征到了更多的税款，英国本土民众虽然增加了经济负担，但也接受了。印花税法案搬到美国之后，却掀起了轩然大波。包括英裔美国政治家、被后人誉为"美国体制之父"的托马斯·潘恩在内的一群人，当时正在筹划独立建国，正苦于找不到合适的理由，这个法案就成了他们发动美国人奋起抗争、构建新的群体思维故事的重要突破口。

托马斯·潘恩那时只是一个普通的新移民，但之后在美国历史上的地位却非常重要，因为他推动和帮助了美国人奠定自由思想，塑造美国精神。要知道，当时美国人的君主制观念根深蒂固，连后来的华盛顿、富兰克林等政治家也并未明确提出独立，而托马斯·潘恩却旗帜鲜明地提出了独立与自由的观点。

在印花税事件上，托马斯·潘恩向周围的美国人塑造的思维故事是：英国政府通过这个法案向北美殖民地征税，但没有赋予殖民地民众应有的权利，不管是发言权，还是修改权、拒绝权，都没有。在英国征税得交由英国国会讨论和通过，美国本土虽也设有议会，但却没有与这个法案相关的权力。在不允许北美殖民地向英国议会派遣代表的情况下，英国政府无权向美国人征税，这个原则被称为"无代表，不征税"（No taxation without representation）。作为对英国征税不满的回应，美国人发起暴动，抵制英货，迫使英国于1766年废止了印花税法案。

托马斯·潘恩还进一步表示：英国政府不让美国人有发言权就强行

征税，意味着没有把当地民众当成自由的人，也没有当成大英帝国的子民，而是当成了奴隶。既然被当成了奴隶，美国人就必须寻求独立。

1775 年美国独立战争刚开始的时候，绝大多数美国人还觉得自己是英国人，只不过是住在海外的英国人。托马斯 · 潘恩撰写了一本不到 50 页的小册子《常识》（*Common Sense*），虽然页数不多，但字字句句铿锵有力，其中蕴含了人人平等、宗教自由等在当时极具前瞻性的思想。

美国独立革命领袖以此作为宣传工具，以求让更多美国人改变个体的思维故事。册子迅速在北美殖民地广为流传，当时美国的人口大约有 250 万，按持有人口比例来说，传播比例可谓是美国历史第一。《常识》极大地鼓舞了美国人的独立情绪，其中很多内容也被写进或引用到后来的《独立宣言》中。

《独立宣言》可以被看作是一个思维故事——人人生而平等，皆拥有生命自由和追逐幸福的权利。要知道这其实是一个崭新的思维故事，因为在此之前，尤其在欧洲，根深蒂固的思维故事是“君权神授”，意思是君王天生就高人一等，而且他的权力是神赐予的，没人能够剥夺。

托马斯 · 潘恩作为非领袖的普通人，本身有很多缺点。他曾经炮轰过华盛顿、基督教等，在世时并不受人欢迎，以至于去世后只有寥寥几人出席了他的葬礼，但他的个体思维故事深刻影响了民众，尤其是自下而上地影响了那些领导美国独立战争的政治领袖。因此，在以非领袖身份的个体思维故事影响周围个体以及领袖的方面，托马斯 · 潘恩是很好的案例。

第2节 从希特勒的出现，看个体/群体思维故事的相互影响

领袖，顾名思义承担着领导群体的首脑责任，引领着群体前进。领袖的个体思维故事势必会对整个群体思维故事产生巨大的影响。而领袖在不断形成自己个体思维故事的过程中，也会不断接受周围的影响，并会沉浸在群体思维故事的环境中。

想更好地理解个体思维故事与群体思维故事互相影响的辩证发展过程，就需要仔细观察和深入剖析领袖与群体之间的关系。

阿道夫·希特勒（Adolf Hitler）是非常值得探讨的案例。他是现代政坛极富争议性的人物，甚至可以说是在20世纪中期影响了整个人类群体历史走向的个体。反对他的人认为他是恶魔、刽子手、穷凶极恶的战犯，支持他的人认为他是德国的伟人、救世主、日耳曼民族的英雄。差异正是源自每个人不同的个体思维故事和自身所属的群体。

在《征途美国》一书中，我记述了在哈佛商学院读书时的一段经历。当时，我们上的一门课程叫现代资本主义历史（The History of Modern Capitalism），主要讲资本主义国家的发展历史，其中讲到了美国、日本和德国。记得教授讲到德国时说："第一次世界大战之后，德国在希特勒执政时期得到了迅速发展。"

这时，有一个女同学表示强烈反对。她认为，当时的德国是被一个疯子统治的疯狂国家，上述的话就是在为希特勒辩护，是对被德国纳粹杀死的大批无辜民众极大的不尊重。

我曾经在德国住过一段时间，和很多德国人聊过这个话题，即使第二次世界大战已经过去了几十年，仍然有不少德国人会提到哪条高速公

路是希特勒时期修建的，哪些经济基础是当时打下的。一些年长的德国人还说到，德国在第一次世界大战后的失业率高达30%，而希特勒给了他们工作机会和发展希望。

我还记得在一个纳粹集中营博物馆参观时，一个德国人的留言让我记忆深刻："我是一名医生，以前住在柏林。德国人在当时遇到很大困难，因为越来越多的工作岗位被犹太人占据了，我们根本竞争不过他们。希特勒来了以后，他把这些犹太人从医生群体里全部剔除掉了，这才使我有机会继续工作下去。我心里充满了歉意，我知道这对犹太人来说是极端不公平的，但是对德国人来说，这是我们在这个国家继续生存所需要的机会。"先不论这段话的对错，但它很真实地反映出当时部分德国人的视角和观点。

在当时的时代背景下，希特勒为什么能够坐上德国的领袖之位，他的个体思维故事究竟受了"谁"的影响？为什么当时那么多德国人支持希特勒的所思所想和所作所为，他们的群体思维故事又是什么？

让我们把视线回放到20世纪早期的欧洲。第一次世界大战逐渐走向尾声，德军在前线不断溃败，战争几乎耗尽了国家的财富。伴随着经济危机的出现，政治上也掀起了动荡。

1918年11月3日，基尔港近8万水兵发起武装起义，德国革命愈演愈烈。11月9日，"一战"发起人之一的德皇威廉二世被迫退位，德意志帝国灭亡。11月11日，德国宣布无条件投降，第一次世界大战结束，随后执政的社会民主党成立了魏玛共和国。

1919年6月28日，各国在巴黎和会的谈判过后签订了《凡尔赛和约》。德国作为战败国，失去了13.5%的领土、12.5%的人口和所有的海外殖民地，并受到严厉的军事制裁，还需支付巨额的战争赔款。战败的德国走到了历史的十字路口，当时的德国人也因为不同的群体思维故事分成了以下几派。

第一派主要是当时执政的德国社会民主党（简称社民党），他们的群体思维故事是保持资本主义在德国的现状，并支持议会制。他们害怕革命会把德国变成社会主义国家，正如同期经历十月革命的苏联那样。他们反对共产主义，认为共产主义会让德国产生动乱，损害自身利益。

第二派主要是从社民党中脱离出的德国独立社会民主党左翼分子与斯巴达克同盟的数个左派团体所组成的德国共产党（简称德共）。他们的群体思维故事是要推行社会主义制度，认为工人群体不应该为统治阶层挑起的战争送命。

第三派则是企图复辟皇权的保皇党。他们试图迎回威廉皇储，使其重新加冕成为德意志皇帝。他们的群体思维故事是在反对共产主义的同时，也反对社民党提倡的民主制度，他们认为正是因为社民党的出卖和背叛，才导致德国在“一战”中战败，要振兴德国就必须回归君主制。

在之后的几年间，这三方展开了激烈的角力对抗，德国的未来在这三种群体思维故事中摇摆不定。

1923 年，古斯塔夫 · 施特雷泽曼（Gustav Stresemann）任德国总理。他推出地产抵押马克等政策，缓解通货膨胀的恶劣影响，并凭借美国等外国贷款发放社会福利，使德国经济在 20 世纪 20 年代末实现了一定的复苏，民众得以休养生息。

可是好景不长，1929 年美国爆发股灾，经济危机席卷整个世界。作为美国债务国的德国更是雪上加霜，企业破产，银行倒闭，上百万人失业，德国人的生活水平滑到低谷。此时民众怨声载道，社会矛盾激化，对《凡尔赛和约》的愤懑也不断激发着民族主义情绪，他们期望一个救世主式人物的降临，以带领民族走出泥潭；期望一个强大的政府出现，以重塑国家的昔日荣光。

就在这样的背景下，之前尚不知名的德国工人党及其代表的第四派的群体思维故事慢慢露出头角。

希特勒于1889年4月20日生于奥地利，正值民族主义浪潮崛起的时期。日耳曼民族除了居住在德国，还分散在奥地利、捷克、波兰等国家。不少日耳曼民族主义者认为德国以外的同胞没有得到当地政府的优待，处于水深火热中，一定要把他们都聚集起来，还认为同一个民族应该团结起来成立专属该族群的国家，自己决定自己的命运。在这样的环境熏陶中，希特勒逐渐形成了狂热的日耳曼民族主义者的世界观，他尤其仇恨犹太人，他的个体思维故事反映了当时一种少数但典型的群体思维故事。

1914年，第一次世界大战爆发，希特勒前往巴伐利亚，投身德国陆军。当德国投降的消息传来，他感到无比愤怒，视《凡尔赛和约》为奇耻大辱。

1921年，希特勒担任德国工人党主席，将其更名为德意志民族社会主义工人党（德语是Nationalsozialistische Deutsche Arbeiterpartei，简写Nazi，也就是纳粹党）。在党派的名字中加入“社会主义”的字眼，很大程度上是为了更好地吸引工人的加入。

在1928年德国大选中，纳粹党的得票率仅仅2.6%，社民党仍然是第一大党。但随着1929年美国股市崩溃，经济危机席卷全球，灾难反倒使纳粹主义和希特勒成了最大的赢家。1930年选举，纳粹党一下子获得了18%选票，排名上升到第二。到了1932年的国会选举，纳粹党已经成为第一大党，他们的群体思维故事开始获得很多德国人的认同。

1933 年 1 月 30 日，希特勒被任命为德国总理后，不遗余力地打击反对者，为自己的执政扫除障碍。1934 年 8 月 2 日，总统保罗·兴登堡（Paul Hindenburg）病逝，希特勒掌控的内阁通过法案，宣布总统职权暂时中止，并将该权力转授予总理，使希特勒成为实际上的国家元首。之后的短短几年内，纳粹党垄断了政治话语权，统合了所有的政府武装力量，清除了反对自己的其他党派，试图统一德国人的群体思维故事。

从以上介绍中不难看出，希特勒的出现是那个时代环境造就的客观结果。他和很多其他德国人一样，遭受过失业，经历过贫穷，饱尝战败国的耻辱，对少数族裔充满仇恨，接受了狂热民族主义。希特勒的个体思维故事深受当时的群体思维故事的影响，而他上台前后的所作所为响应了民众的以下诉求，也推动了群体思维故事达到更狂热的程度。

第一，满足人民对更高质量生活的诉求。

不可否认，纳粹政府执政后在经济建设方面取得了不错的政绩。1933 年希特勒刚上台时，面临着巨额赤字和数百万的失业人口。仅仅三年后，在没有外国支援的情况下，德国经济飞速增长，失业率降到历史低点，希特勒和纳粹政府把濒临破产的德国一举推到世界前列。当然，纳粹政府对犹太人等少数群体的驱逐与迫害是其抹不去的事实，但对经历过之前大萧条的德国人来说，人人有工作，饭桌上有面包牛奶，这些是真切和实在的。

第二，满足人民对强大国家的精神诉求。

对德国人而言，“一战”的失败和魏玛共和国 14 年的统治可谓灾难，尤其是对曾经拥有辉煌历史的德意志帝国来说，签订《凡尔赛和约》是丧权辱国和不堪回首的历史。魏玛共和国政府对内无力挽救萎靡的经济，对外也无法对抗他国的压迫，在这种情况下，德国人渴望出现强大的领袖，恢复经济民生，强硬对抗外敌，振奋民族的自豪感和自尊心。

第三，满足人民对种族主义的狂热。

欧洲人对犹太人的歧视从中世纪至今已有上千年的历史。基督徒遵循教义，不能放贷收利息，在很长一段时间里，高利贷这个行业是犹太人在主导，犹太人的形象也被进一步恶化和固化，成为贪婪与罪恶的代名词。

于是，在很多狂热的民族主义者眼中，犹太人成为“一战”后经济和社会问题的罪魁祸首。而对统治群体来说，把国内矛盾转嫁到一个少数群体身上，可以说是政治正确的选择。

第3节　从纳粹主义的诞生，看个体/群体思维故事的相互影响

20世纪30年代，希特勒在成为德国的领袖之后，通过他的个体思维故事，深刻影响了德国人的群体思维故事。

纳粹主义像一个大杂烩，囊括了狂热的民族主义、资本主义的反共思想、帝国主义的武力扩张与殖民主义的剥削政策，等等。对希特勒而言，纳粹主义还是集合了他年轻时的经历和感悟而形成的思维故事。

纳粹主义对德国人的群体思维故事的影响，主要体现在以下两个方面。

第一，宣扬种族优秀论，认为“优等种族”有权奴役甚至消灭“劣等种族”。

有一种说法认为雅利安人是“消失的大陆”亚特兰蒂斯上的人类后裔，希特勒认为日耳曼人就是幸存后移居到欧洲的雅利安人，是被上帝

赋予了主宰权力的优秀种族；而劣等民族如斯拉夫人应该被奴役，犹太人则应该被灭绝。

事实上，雅利安（âryâ）一词出自梵文（另一说出自波斯文），学界现在普遍认为他们是起源于乌拉尔山脉南部草原上的古老游牧民族，后来迁徙进入南亚，也就是印度古文献中提及的雅利安人。

一份研究得出的世界人种基因图谱表明：雅利安人基因在现代德国人身上占 19.5%，而在俄罗斯人身上高达 47%，在波兰人身上超过 50%。也就是说，希特勒眼中的劣等民族斯拉夫人（俄罗斯人、乌克兰人、波兰人等）在客观上才是更为正宗的雅利安人的后代。所谓“优等民族”“劣等民族”，不过是希特勒自己主观的思维故事。

第二，力主以战争为手段夺取“生存空间”，建立世界霸权。

生存空间一词源于德语 Lebensraum，最早由德国人文地理学家弗里德里希·拉采尔（Friedrich Ratzel）提出。弗里德里希·拉采尔认为国家就像生物一样，需要通过扩张获取生存空间，来维持其存续。这是纳粹侵略他国、扩张版图的理论根据，也是希特勒发动第二次世界大战的重要理由。

希特勒在《我的奋斗》一书提到过：斯拉夫人是低等民族，让他们占据着土地是一种浪费。预计一百年后，日耳曼人口会增长到 2.5 亿，如果德国现在不对外扩张，德国人就会饿死。

于是，以“劣等民族”斯拉夫人为主体、占据东欧“心脏地带”、实行社会主义的苏联就成了希特勒的眼中钉。他不断强化和宣传自己的个体思维故事，让德国人认为并深信苏联这个敌人是必须马上被打倒的。希特勒甚至不惜在西线战场上与英国陷入胶着的情况下，悍然启动巴巴罗萨计划（纳粹德国在第二次世界大战中发起侵苏行动的代号），挥师向东，入侵苏联。

希特勒作为领袖时，对群体思维故事造成的影响几乎都是其年轻时主观推断出来的个体思维故事，但所谓“谎言重复一千遍就变成真理”，在纳粹政府的宣传和带动之下，无数陷入狂热的德国人都对希特勒的思维故事深信不疑。

历史是无法改变的事实，与其单纯地从道德上对希特勒和纳粹进行批判，更应该看透其背后的真正来源和演变过程，人类要从思维故事这个根本角度去理解历史现象的产生，才能最大程度上避免在未来重蹈覆辙。

第 2 部分

领袖的重要性

第 1 节　群体思维故事（社会制度）受客观条件限制

群体由众多个体组成，为了更好地存续和发展而制定了社会制度，社会制度就是极其重要的群体思维故事。社会制度的形成和发展受到当时客观条件的限制，其中最主要的因素就是生产力水平和经济条件。

人类从原始社会发展而来，有些研究者认为最初经历了母系社会阶段，其假设及推理逻辑是：那时候生存环境恶劣，改造能力低下，死亡率高，负责孕育后代的女性在社会中的地位就显得尤为突出。

这在很多国家及民族的神话传说、古籍文物上都有一定的证据体现，例如中国就有女娲造人的远古故事，还有先秦时期商人、周人女姓祖先的传说。在传说中，商人的祖先是帝喾的妃子简狄吞食一颗鸟蛋后出生的，周人的祖先则是帝喾元妃姜嫄走在一串巨人的脚印上受到感应而怀上的。虽然都是神话传说，但本质是古人知其母而不知其父的体现。

随着狩猎和战争的工具及技能的不断发展，加上都需要更强壮的身体，人类逐渐过渡到了父系社会阶段。在部落里，领袖会带领年轻力壮的男性去围捕猎物和打击仇敌，部落也要随着季节、环境和食物源的变化而迁徙。重男轻女的群体思维故事在那时初现雏形。

当人类开始发展农业和畜牧业并尝到好处后，逐渐从游牧生活改变为定居生活，人类也从食物的采集者变为食物的生产者，生产力的第一次大飞跃使人类文明进入了农耕时代。

在农耕时代想继续发展生产力和经济，需要人类定居下来，而非到处迁徙。于是，统治者会给民众灌输这样的群体思维故事：如果生下来是农民，那么永远都应该是农民，面朝黄土背朝天，甘心干一辈子。典型例子是欧洲中世纪产生的农奴制，地主把农奴束缚在土地上，让他们上缴绝大部分的劳动所得。

在 17—18 世纪，资本主义萌芽发展，需要推动和实现社会人口的流动，封建社会存在已久的群体思维故事阻碍了资本者群体的兴起。为了打破守旧势力的束缚，把更多的劳动力从土地上释放出来，并寻求更大的社会权力，资本者群体掀起了反封建、反教会的思想启蒙运动，大力宣传自由、民主和平等的群体思维故事。

经历了工业革命后，资本者群体在社会上占据了统治地位，受到剥削的工人群体开始觉察和反抗，之后马克思和恩格斯提出应该由政府来掌控资本、土地和生产工具等资源。

无论是上述哪一种社会制度的出现、演变和结束，都可在其背后发现相应的群体思维故事。例如，当国王想要取代部落首领而成为新的领袖时，就会告诉民众，群体需要由神灵或上天授权的君王来统治，才能更好地给予保护，不然就会被外部的敌人侵略；当资本者群体想打造更适合他们的社会制度时，就会表示需要民主共和，需要自由人权，不能再让封建君王统治民众了；而当无产者群体想要摆脱资本者群体时，就会说资本家剥削劳动人民的剩余价值，造成越来越严重的贫富差距，所以全世界的无产者都要联合起来。

如果仔细观察和分析，社会制度变化中有两点非常重要而且永存。

第一，个体与群体之间的双重性矛盾。

个体利益最大化与群体利益最大化是永远存在的根本性矛盾。每个个体都想要获得更多，但往往会损害其他个体乃至群体的利益，而每个当前的制度都需要在其中寻找平衡点。

如果当前的制度无法找到或保持平衡，那社会就会面临动荡，利益受到损害的那一批个体或群体会团结起来反抗。封建王朝的更替换代大致都是如此，在推翻统治群体后由另一批群体取代，就像民谣所唱的"皇帝轮流做，明年到我家"。

当客观条件发生变化，尤其是社会生产力与技术发展到更先进的下一阶段后，新的群体思维故事就会产生，新的制度将挑战甚至淘汰旧的制度，更适合现阶段的制度将建立起来，并试图找到新的平衡点。

第二，领袖的个体思维故事影响着群体思维故事的演变。

正如之前讲到希特勒受到当时环境影响，接受了狂热的民族主义，到后来推动德国进攻苏联，杀死了 600 万犹太人，很大原因都是来自其作为德国领袖的个体思维故事，对群体思维故事施加了最大的带头影响。

清朝时期最著名的起义是太平天国运动，其领袖洪秀全是个屡次落第的秀才。当时的清朝政府腐败无能，在第一次鸦片战争中落败后，庞大消耗和巨额赔款的压力落在了广大民众身上。洪秀全在机缘巧合之下，看了外国传教士给的一些宗教宣传品，萌发了信奉上帝、追求平等的思维故事。他把教义中的内容和自己大病时的幻觉相对比，觉得自己就是上帝的次子、耶稣的弟弟，后来建立了“拜上帝教”，声称能够拯救正处于水深火热中的民众。

洪秀全的个体思维故事影响了很多人，从最初在广西金田起义的两万余人，到后来定都天京（即现在的南京），鼎盛时期拥有上百万兵力。这场起义历时 14 年，席卷 18 省，是整个中国历史乃至世界历史上规模最大的起义。有研究者根据太平天国起义前后清代档案中所载的户口数进行计算，认为 1864 年的中国人口比 1851 年减少了 40%，直接及间接导致的死亡人数达 1.6 亿之多。

太平天国运动最初起源于客观条件的激化，之后受到作为领袖的洪秀全的个体思维故事的推动，不断扩大和发酵，影响了群体思维故事的演变。

第 2 节　领袖推动群体思维故事（社会制度）的演变

领袖会带领群体改变旧的社会制度，找到新的路径，去更好地摸索双重性矛盾的平衡点，“罗斯福新政”（The Roosevelt New Deal）就是典型的案例。

1929 年 10 月 24 日，美国股市突然暴跌，史称“黑色星期四”，随后几天跌幅继续扩大，到 10 月 29 日，道琼斯指数已比 10 月 23 日跌了近四分之一。悲观情绪很快蔓延到实体经济，成为经济大萧条的导火索，整个美国陷入了泥潭。时任总统赫伯特·胡佛（Herbert Hoover）的思维故事非常传统，他坚持认为资本主义国家要有自由的经济体系，政府不能随意干预市场，要平衡收支，所以几乎没有实际行动，进一步加剧了经济危机，使美国经济跌入谷底。美国社会中要求改革的呼声越来越强烈。

1933 年，富兰克林 · 罗斯福（Franklin Roosevelt，常被称为“小罗斯福”）当选为美国第 32 任总统。在 19 世纪末 20 世纪初，以凯恩斯主义经济学为首的一系列实用主义、进步主义思潮盛行一时，这些思维故事给小罗斯福带来了一定的影响，并促使他形成了自己新的个体思维故事：资本主义国家的本质保持不变，但在这个前提下可以进行灵活调整，包括抛弃自由放任的经济政策，加强政府对市场的干预。

上任后的小罗斯福大刀阔斧地开始了“3R 新政”——救济（Relief）、复兴（Recovery）和改革（Reform），例如推出《紧急银行法令》放弃金本位制，整顿银行与金融业；成立联邦存款保险公司，为银行和储蓄机构的存款提供保险；由政府牵头“以工代赈”，增加就业岗位，刺激生产和消费；扩大政府开支，实行赤字财政，维持经济繁荣；还推出《社会保障法》，给就业者储备养老金，安排失业保险，给失业者发放补助和社会救济金。

不难发现，上述政策都是社会主义党派原本提倡的，包括计划经济、政府干预、社会福利等，统统被小罗斯福用上了。这些新政措施虽然让美国迅速凝聚力量克服经济危机，却也在国内导致了很大的反弹。很多美国人称小罗斯福为阶级叛徒，指责他要把美国变成社会主义国家。

事实证明，罗斯福新政使得美国慢慢从经济危机的泥潭中恢复过来，人民生活有所改善。到现在为止，美国也继续延续着小罗斯福采取的一系列改革，让政府有了更强的控制力，传统的资本主义制度得到了改良与发展，甚至对整个西方资本主义世界造成了深远的影响。

小罗斯福之所以能够取代赫伯特 · 胡佛当选总统，以领袖的个体身份，向美国群体宣传和推动他那“非传统”的个体思维故事，是因为当时严重经济危机的环境给了他机会。美国民众意识到，资本主义国家对经济的惯用手段及传统社会制度（即旧的群体思维故事）已经无法解决当时的困境。现在，那些当初被认为不能接受的政策、措施和方法，已成为美国社会普遍认可的群体思维故事了。

中国也有相似的经典案例，那就是改革开放。

在经历了十年“文化大革命”之后，中国面临着严峻的局面：社会生产力不发达，人民生活质量低，教育水平落后。客观事实促使国家领导人邓小平意识到，中国当时的首要问题就是要解放和发展生产力，既要坚持以公有制经济为主体，又可以大胆吸收和借鉴世界各国的经验，尤其是资本主义国家先进的生产、经营、管理等方式。

他的个体思维故事在当时的中国引起了很大的反弹，保守群体一度认为这是对社会主义的背叛，动摇和脱离了共产党的根本路线。对此，邓小平提出了著名的“黑猫白猫论”：不管黑猫白猫，能捉老鼠的就是好猫。要快速发展经济，解放思想，不能被姓“社”还是姓“资”的问题束缚手脚。

1978 年 12 月，十一届三中全会做出了实行改革开放的决策，对内大力推行改革，对外打开了开放的大门，使中国与世界更好地接轨，融为一体。更重要的是，邓小平的个体思维故事改变了旧有的群体思维故事，开始塑造有中国特色的市场经济道路。

第 3 部分

领袖的培养

第 1 节　领袖应该具备的品德

历史上出现过许多优秀的领袖，但同样也出现过更多不合格的领袖。虽然推选领袖的制度在不断改进，但不合格的领袖貌似仍占了大多数。到底怎样才能更好地从群体中筛选出真正优秀的个体来担任领袖呢？

设计出完美的领袖推举制度，在客观上是不存在的。不妨换个角度，先不想推举领袖最好的制度是什么，而是先想合格领袖应该具备什么品德？

领袖需要看出身背景吗？结束秦末乱世、开创汉朝基业的刘邦最初只是管着区区十里地的亭长，推翻元朝的朱元璋更是彻头彻尾的农民。领袖需要看财富、学历等外在条件吗？这些都是当今评价个体成功与否的标准，但并不能和合格领袖画上等号。

纵观人类历史上那些经历时间考验、立下丰功伟绩、带领群体跨越艰难困境的领袖，其实有着很多共同的内在特质。从个体思维故事的角度来说，他们都有着极其相似的品德和价值观，这也是领袖对群体而言最重要的价值所在。

关于价值观和思维故事之间的关系，我在《思维故事：掌控人生剧本》一书中讲述过：当我们思考和定义自己的内在成功时，其实也是在思考和定义自己想成为什么样的人，思考应该拥有什么样的个性和品质，这决定了我们认为做什么是有价值的。人生经历的每一件事，其实都是在给自己一个机会打造价值观，改写和完善思维故事，塑造优秀的个性和品质，拥有想拥有的美德，成为想成为的人。价值观会告诉我们发展和完善的正确方向，直到某一天，我们可以将价值观融入生活里的一言一行，也就真正变成自己想成为的样子。

人类拥有自我的主观世界，也以血肉之躯生存在客观世界里，两者之间存在着矛盾：在自我的主观世界里，人类可以创造任何想要的东西，例如想象自己搭乘宇宙飞船到任何星球，打造出自己想要的生态环境，在那里安居乐业。在客观世界里，身体让人受到很多约束，例如只能长这么高，跳这么远，跑这么快，更重要还有不可控的生老病死。人类都不可避免地在某个时间点有所困扰：客观情况注定了我的人生就只有这么一段有限的时间长度，那我的生存意义究竟是什么？

人类尝试从很多角度或层面寻找答案，背后存在的也是相应的思维故事。例如在宗教方面，听从神的指引，遵守教义教规，从善如流，死后可以上天堂，得到永生；例如在功德方面，尽管个体会死去，但所做的事迹和贡献会被后人传颂，青史留名。这些思维故事帮助人类去面对客观约束与主观无限之间存在着的矛盾，也让每个个体都有机会成为自己心目中的英雄。

宗教和神话中的天堂与地狱是否真的存在？至少从目前的科学研究来

看，并没有存在的确凿证据。如果以早期猿人算起，人类在地球上存在了两三百万年，如果以早期智人（Homo Sapiens）算起，人类则是在25万—4万年前出现的。相对以亿年为单位的地球历史而言，人类在几万年后是否还存在于地球，难以确定，所以青史留名、流芳百世也是过眼云烟。

美国比较神话学专家约瑟夫·坎贝尔（Joseph Campbell）在其著作《千面英雄》及相关研究中指出，每个人都要走自己独有的英雄之旅，旅途在客观层面看来是克服现实中的一个个难题，在主观层面则是成长与蜕变。从这个角度来看，每个个体认识自己的思维故事，走好自己的英雄之旅，成为自己心目中的英雄，是唯一自我可控的事情。

作为领袖，客观职责是团结个体，做好分工，推动群体一致向前走。然而领袖的角色还拥有主观含义，就是在这一过程中成为群体心目中的英雄。民众从领袖的表现里获得启发和方向，更好寻找自己的人生意义。

历史上那些英雄之所以被崇拜和歌颂，不完全因为他们当时的巨大成就，像征服大片江山的皇帝、驱使社会运动的革命者，他们的疆土早已易主，观念已经过时，社会随着时代的变迁而改头换面，但他们的美德、品行、个性却依然被后人铭记，也为后人指引了方向。

在西方，"越过卢比孔河"（Crossing the Rubicon）是一句很流行的名言，跟中国成语"破釜沉舟"是同一个意思。这句话出自盖乌斯·尤利乌斯·恺撒（Gaius Julius Caesar）的纪事。

卢比孔河是一条分界河。根据罗马共和国的法律，任何将领不得率军越过卢比孔河，否则会被视为叛变。当时的罗马共和国阶层对立，矛盾重重。恺撒率军走到卢比孔河边上之际，面临的困境是：要么放弃军队独自过河，这样做有可能遭到罢职甚至流放；要么率军过河，这等于和罗马当权者群体宣战。战胜则一世英名，战败则粉身碎骨，究竟该如何选择呢？最后，他毅然决然地带领军队越过卢比孔河，返回国内，最终成为罗马共和国的最高执政官。

其实每一个人在自己的人生旅途中，都会遭遇自己的卢比孔河，而且还会不止一次。是退缩，还是前进，能否为自己的每一个决定负责到底，这是关于勇气的灵魂拷问。恺撒就是勇气这个美德的代言人，于是后人常常以他为典范来激励自己。

超人是美国漫画史上的首位超级英雄，出现于1938年。按漫画的描述，他出生于氪星，在氪星面临毁灭之际被父母送到地球，被农场主肯特夫妇发现，并以克拉克·肯特（Clark Kent）的名字抚养长大。中国有句话叫“时势造英雄”，在漫画故事里，每当危机出现，尤其世界需要拯救的时候，克拉克·肯特马上摇身一变，化身为无所不能的超人。他身着蓝色紧身衣，披上红色斗篷，上天入地解决各种挑战。但在平时，他只是一名很普通的记者，还经常因为文质彬彬和胆小怕事而被人嘲笑。如果世界是和平安宁的，超人就没有存在的必要，完全不需要他一次次拉开衬衫变身，展现各种超能力。

现在人类要进入的时代，需要什么样的领袖？

按照世界经济论坛（World Economic Forum）创始人兼执行主席克劳斯·施瓦布（Klaus Schwab）的定义，世界正处于第四次工业革命之中。第一次工业革命是以采用水蒸气为动力，实现生产机械化为标志；第二次工业革命是通过使用电力，实现大规模生产为标志；第三次工业革命是以使用电子和信息技术，实现生产自动化为标志；第四次工业革命的主要特征是各项技术的跨界融合，以移动互联网、云技术、大数据、新能源、机器人及人工智能技术为代表，并将日益模糊甚至消除物理世界、数字世界和生物世界之间的界限。在他看来，第四次工业革命正在颠覆几乎所有国家的所有行业，从人类历史的角度来看，其蕴含的希望和潜在的危险超过以往任何时期。

在如此巨大的时代变化背景之下，一个合格领袖至少要拥有以下四类品德：

第一，勇气（Courage）。

无论是南征北战打下江山的开国皇帝，还是面对坚决保守派的改革君主，要想取得成功都要冒极大的风险。每一个想用自己的个体思维故事去改变群体思维故事的领袖，注定要面对无比艰险的考验，必须具备超乎常人的勇气。

俄罗斯帝国首位沙皇彼得一世就是这样一位领袖，人称彼得大帝，被认为是俄罗斯历史上最耀眼的英雄之一。在彼得一世推行改革之前，俄国是被瞧不起的欧洲三流国家。而他在执政期间，对内锐意改革，对外树立国威，带领贫困落后的民众崛起，俄国正式跻身欧洲强国之列。

在17世纪末，俄国空有广袤的领土，但民众思想封建落后，世袭贵族夺权干政，在政治、经济、军事、文化等各方面都落后于欧洲的主流国家。彼得一世决心向西方学习，走现代化强国的改革之路。他微服私访，周游欧洲列国，学习先进经验。

回国之后，他进行军事改革，废除传统的封建贵族兵役制度，从广大农民中征召士兵，削弱贵族守旧势力对军队的控制；同时大力发展工业，特别是金属冶炼和造船业，志在建立强大的海军，以掌控海权，效仿在航海殖民方面获得巨大利益的英国和西班牙，改变俄罗斯作为传统内陆国家的劣势。在积累了一定力量之后，他通过政治改革与宗教改革，集军政大权于一身，实行专制统治，整合了国家力量。

在社会习俗与教育文化等方面，为了推行更深刻的改革，彼得一世铲除了俄国的陈规陋习，下令俄国男人必须剃掉胡须，身着欧式服装，推行欧洲的流行风尚。在此之前，长须一直被俄国男人视为尊严和生命，这个看似简单的命令对传统的群体思维故事的冲击是相当强烈的，改变需要极大的勇气。

1721 年，俄国打败瑞典并取得通往波罗的海的通道，彼得一世将首都由世代沿用的莫斯科迁到波罗的海沿岸的圣彼得堡，他也正式自封为大帝，俄国改号为俄罗斯帝国。

纵观彼得大帝的一生，他经历了残酷的继承人斗争才得以上位，为了推行改革与守旧势力经历了惊心动魄的斗争，其中包括多次宫廷政变危机，甚至还处死了自己的儿子。对他来说，最困难的莫过于改变整个国家陈旧的群体思维故事，因为这势必引起民众极大的不满和反抗。

在中国也有许多类似的案例，例如任用商鞅变法的秦孝公、崇尚胡服骑射的赵武灵王、推行孝文汉化的北魏孝文帝等。以秦孝公为例，在他继位之前，秦国经历了多次君权动荡，国力受到大幅削弱，还被魏国夺去了重要的河西地区，可谓内忧外患。秦孝公决心变革图强，颁布了求贤令，后来采纳了卫国人商鞅献上的富国强兵之策，包括重农抑商、统一户籍、强兵备战、加强中央集权等。

商鞅变法在一开始的时候遭到了守旧派的强烈反对。守旧派认为秦国此时国力羸弱，应该休养生息，不要到处折腾，而且变法会削弱贵族和官吏的特权，且让他们被迫投入到农业生产中，因此对此非常抵触。可是秦孝公决心不改，他的思维故事是："诸侯卑秦，丑莫大焉！"意思是"各路诸侯及国家都看不起秦国，欺负秦国，这真是莫大的耻辱"。在秦孝公的全力支持下，秦国经历了商鞅变法，一跃成为真正的军事大国和经济强国，为后来横扫六国、统一中国打下了坚实的基础。

在改革之路上，任何一步稍有差池都可能让自己万劫不复，恐惧是人之常情，也是在所难免的。那些领袖之所以取得成功，离不开拥有坚信自己能够战胜一切的思维故事。勇敢，并不是指没有恐惧，而是在拥抱恐惧的同时，仍然选择承担领袖的义务与责任，这是合格领袖所必须拥有的品德之一。

第二，毅力（Persistence）。

领袖想要改变他人与群体的思维故事，不仅需要超凡的勇气踏出第一步，更需要日复一日的坚持，甚至要为理想奋斗终生。因为在这个过程中很可能遇到接连不断的失败、挫折，领袖必须能持续不断地尝试和调整，不屈不挠，不轻言放弃。

美国国父乔治·华盛顿在领导独立战争的过程中，就充分体现出了这种精神与品德。在莱克星敦于 1775 年 4 月打响了美国独立的第一枪之后，乔治·华盛顿凭借其军事才能和领袖气质被一致推举为总指挥官，担任大陆军总司令。此后，他带领军队打赢了许多艰难的战役，但也不断吃败仗。

当时的美国作为孱弱的殖民地跟国力强大的英国相比，各方面都有着天壤之别：英国经济实力雄厚，正规军队训练有素、装备精良；而美国只有刚组建的志愿军，数量不足，装备落后，后勤物资缺乏。

大陆军刚组建时，人均只有 9 发子弹，3 个士兵才有 1 支火枪和 1 条被子，炮兵的火药量只够用 1 天。提康德罗加堡 1.2 万名战士只有 900 双鞋子。乔治·华盛顿曾经写道：“士兵们衣不蔽体，夜无毡毯，脚上没鞋，赤脚行军，从他们脚上留下的血迹，就可以找到他们的行踪，他们还经常没有粮食……”

当时，有人嘲笑乔治·华盛顿从来没有打过什么胜仗，只有不停地战败。但是他凭借自己坚忍不拔的意志力，带领着军队屡败屡战，从未放弃。在战术上，他采取灵活的游击战形式，摒弃传统的线式战斗队形，根据不同地形和英国军队周旋，不拘泥于一城一池的得失，而着眼于消耗敌人的有生力量。此外，美国采取了灵活的外交政策，得到了法国、西班牙、荷兰等欧洲国家的援助。最后，美国人在坚持战斗和各种因素的帮助下，取得了战争的胜利，获得了国家独立。

乔治·华盛顿的精神在美国人心中留下了深刻的影响，他有让人愿意追随的人格魅力，不仅仅因为他的领袖风格是不争权夺利和不贪图连任，也因为他在领导独立战争的过程中所体现出决不放弃的毅力。

第三，慈悲心（Compassion）。

如果领袖希望他人和群体真正接受自己的个体思维故事，就意味着他的个体思维故事不能只对自己有利，而要对他人与群体带来帮助。

在领袖的个体思维故事里，一定要包含慈悲、怜悯的感情，他需要深刻地理解民众的痛苦是什么，需求是什么，才能有机会为他人提供这些方面的帮助。

就像提出罗斯福新政的小罗斯福，在他之前，没有任何美国总统认为政府应该积极干预市场，在他们的思维故事里深信一点——让市场自己调整，经济就会好转，所以都不愿意做出调整和改变。但小罗斯福认为，群体思维故事必须改变，政府必须采取措施去拯救失业的民众。当时的美国富人都将他称为阶级敌人，可是他非但没有放弃，还在不断地帮助穷人，正是因为他拥有慈悲心。

小罗斯福身患小儿麻痹症（即脊髓灰质炎），后半生都在轮椅上度过，没法很好地照顾自己。因此，他能体会到那些弱小的、贫穷的底层人民的无助，需要国家给予帮助和扶持，否则难以生存。

由他主导并在他去世后提出的《完全就业提案》写明：所有的美国人天生即拥有获得工作的权利。美国政府有义务确保每个人都有工作，如果私企做不到，政府需要直接创造工作机会。虽然法案最终没有得到通过，但其立法精神被吸收到联合国《世界人权宣言》之中，很多国家也将就业责任写进了宪法。

人们习惯认为小罗斯福是带领美国打赢“二战”、战胜法西斯的威权领袖，事实上，小罗斯福一生最大的敌人是失业，而他想要解决失业的决心，就源自他能够体会底层人民的痛苦，有慈悲之心。

第四，给予（Generosity）。

在慈悲心的基础上，领袖必须对群体有所付出。那些被人爱戴、受人尊敬的领袖，之所以能够让大多数人追随自己，除了人格魅力，更多是因为能让他人真切地感受到自己的付出和给予，不仅仅是物质上的慷慨，更是可以为了群体与理想付出一生的时间，甚至生命。

大禹是众所周知的古代领袖。人们崇敬他，是因为他全心全意治理水灾，为解救天下苍生甚至到了忘却自我的地步：刚刚新婚四天便离开妻子，在妻子生产的时候也没陪在身边，还有“三过家门而不入”的典故。

大禹非常关心百姓的疾苦，他看见有穷人把孩子卖了，就用自己历山上的铜铸成钱，将孩子赎回来；他看见有的百姓没得吃，就匀出仅有的口粮接济他们；他自己总穿着破破烂烂的衣服，睡着简陋的席篷，并亲自带头干最苦最累的活儿。

《韩非子 · 五蠹》记载“禹之王天下也，身执耒臿以为民先，股无胈，胫不生毛，虽臣虏之劳不苦于此矣”，讲述的是禹当上领袖之后，仍然亲自拿了农具干活，给百姓带头，累得大腿上没有肌肉，小腿上不长毛，即使奴隶的劳动都不会比这更苦了。

人们对上古时代的领袖人物的传颂往往带有夸饰成分，但大禹全心全意为人民服务、舍小家为大家甚至不求回报的优秀品德，一直是民众理想中领袖的典范品德。要使群体利益最大化，可能会让一些个体或小群体的利益在一段时间内遭受损失，就像有人因为城市修建公路而需要搬迁自己的住所。为什么他们会愿意？一，他们被领袖与群体所强制；二，他们感觉这么做，在长期来说对彼此的利益都有好处；三，即使个体利益受到损害，他们在自己的思维故事里认为这样的损失甚至牺牲是值得的，尽管利益在未来实现时，自己未必看得到或享受到，但从对领袖的学习和模仿中受到了影响，愿意跟随领袖，做出对群体利益更有帮助的事情。

无论是上述哪一位领袖，他们之所以被民众记在心中，被后世评定为传奇英雄，都不仅仅是因为他们的业绩或战绩，而是体现和代表了勇气、毅力、慈悲心、给予这四种品德。

第 2 节　推举领袖的不同方式

领袖对于群体的重要性不言而喻，但领袖对群体的影响却并非都是有益的，更多时候，领袖会因为自己的个体思维故事而把整个群体拖向泥潭。那么，如何选出能够正确引导群体前进的合格领袖，可谓至关重要。

回顾人类历史，关于群体以何种方式推选出自己的领袖，不同的文化、不同的时期尝试过以下典型制度：

第一种是现任领袖指定下一任领袖，两者之间可以没有亲戚血缘关系，例如古代推选部落首领的禅让制度。

《史记·五帝本纪》记载，黄帝死后，因颛顼（黄帝的孙子）有圣德，被立为帝。颛顼死后，从小德行高尚的喾（黄帝的曾孙）继位。喾死后，其儿子挚继位。但因为挚能力平庸，政治败乱，而其弟尧仁慈爱民，以贤德闻名天下，天下诸侯纷纷背离挚，而归附于尧。最后挚自知德不配位，将帝位禅让于尧。到尧年迈之后，各部落都推举以孝道闻名天下的舜（颛顼的六世孙）为继承人。尧对舜进行了数年的考核后，认为他可以胜任，于是舜继帝位。舜在逝世前，将帝位禅让于治水有功而备受人们爱戴的禹。

第二种是现任领袖把位置传给自己的后代，例如帝王君主家族的世袭继承制度。

在大约公元前2070年，夏朝建立，这是中国史书中记载的第一个世袭制朝代，从此拉开了中国近四千年世袭制度的序幕。禹死后，他的儿子启继承王位。从此之后，夏王的位置都是传给儿子或者弟弟，一代代把江山社稷传承下去，所以被称为“家天下”。

为了使君王的中央集权统治显得合理化并且深入人心，“天子”就被作为君王的代称，意为被上天派来统治人间，象征着绝对的权威与高贵，臣民只能接受服从，不能反抗夺权。在这种群体思维故事对民众的影响下，世袭制度得以更好地保障和传承。

第三种是有意成为领袖的个体找有决定权的群体寻求支持，例如西方近代的民主投票选举制度。

在这种制度模式下，希望成为领袖的候选人会不断去做演讲和游说，让自己有更多机会接触具备投票权的选民，争取对方的理解和支持。如果他的观点思路、施政方针、解决方案满足选民的需要，选民就会把票投给他。如果得不到足够的选民支持，候选人就没有机会成为领袖，这个特点被认为具备一定的民主性。

某些情况下，拥有决定权的群体规模相对较小，例如政党里的党魁和元老们。有些朝代的皇帝也是宦官、亲王、皇后等人决定的，甚至这些少数群体并不显山露水，让外界感觉领袖是通过前几种形式筛选产生的，但其实背后有具备这样决定权的群体在推动。

第四种是通过使用武装或暴力夺权而成为领袖。

这种情况出现通常是因为前几种制度发生了问题，例如现任领袖还没来得及指定继任者就去世了，或者某些群体对被选出的领袖非常不满，又或者继任领袖在执政时出现了问题，不能很好地履行其责任，解决群体所面临的危机。武装暴力夺权对群体的维护和团结是有破坏力的，这种情况发生之后一般还是会恢复到使用前几种方式筛选领袖。

第3节　优秀的领袖为何稀少

无论是哪一种推举领袖的制度，都有其特殊的时代背景和与当时匹配的合理性，都符合着当时的群体思维故事。然而不管什么制度，都难以保证被选出的领袖具备所必需的品德。只要回顾历史上领袖的表现，就可以发现，在这些推举方式下被选出的领袖都各有长短。

制度是由人制定的产物，而个体与群体始终处于双重性矛盾之中。再好的制度都可能被人影响；再好的制度也会被个体利用以达到自身利益的最大化。

首先，选拔制与禅让制度类似，由上一层的领袖选出下一层的领袖，例如现代企业中提拔干部或管理层，根据候选人各方面的表现，例如业绩、忠诚度、专业性等，做综合决定。长处在于上级对下属的情况相对了解，短处在于受上级个人喜好的影响。

其次，世袭制不可避免地导致一个问题：事关国家命运的君主之位完全靠血缘继承，与继任者的品德没有直接关联。现代家族企业继承方面也存在类似问题：创始人如果有多个子女，往往会考察他们各自的表现和能力，然后从中挑选自己认为最好的一个作为接班人。有人说家族企业模式很好，因为毕竟是自己家族的利益，有长期的承诺和血缘的关联，不像股份制的公司，股东及其资金进进出出，往往只关心短期的回报和收益。也有人说，如果子女不成器，那领袖的选择也就很受局限，对企业的影响巨大。

再次，选举制也不尽完美。在选举的那一刻，个体的投票结果很可能受到近期发生事件的影响，从而做出和群体的长期利益相违背的选择。很多个体是根据自己的情绪进行投票的，不是理性地、深思熟虑地选择具备品德的领袖，这也就是为什么选出的领袖不一定符合群体真正需要的重要原因。

美国第 39 任总统吉米 · 卡特（Jimmy Carter）是典型的例子。他被认为是政绩最差的美国总统之一，导致他在谋求连任时，被罗纳德 · 里根击败，只获得了 538 张选举人票中的 49 张。

美国民众为什么选吉米 · 卡特作为美国总统呢？当时，尼克松深陷“水门事件”而辞任总统，副总统杰拉尔德 · 福特（Gerald Ford）继任。他在上任后赦免了尼克松，这让美国民众觉得其中大有问题。吉米 · 卡特是忠诚的基督徒，出身于种植花生的农民家庭，非常简朴。在那一个阶段似乎很适合美国人的需要，但是他并不具备领袖能力，过于理想主义，缺乏大局观和果敢。在他上任以后，发生了两件大事，一件是停滞性通货膨胀，他始终不能给出很好的解决策略，最后让美国民众来承担后果；另外一件就是伊朗人质问题，吉米 · 卡特担心问题越闹越大，没有勇气去做出正确对策，但在担心的同时却错失了时机，也放弃了美国的尊严。

此外还有各种辅助的领袖筛选制度，例如测评。中国从隋唐开始就推行科举制度，一介书生要是考试通关到最后，就有机会进入官场，成为领袖。但考试制度不完美，再难的考试也会有人摸准应付的套路而考出高分，考出高分的人未必就是合格领袖。

再例如以资历来做领袖筛选辅助。在美国的国会中，议员们会被分配到一个个委员会中，如农业委员会、金融委员会等。在委员会中，委员会主席是最有权力的。那议员们怎么才能成为委员会主席呢？通常靠两种方式，一种是提高政治融资能力，另一种就是积累年限，熬出资历，成为领袖。日本很多大公司的晋升制度也是如此，论资排辈，不熬到一定时间很难上位。

综上所述可以发现，无论是退位让贤，还是世代传承，抑或是自由投票，又或者是搞测评和论资历，都不是确保找到具备领袖品德的个体的完美办法，这也造成了历史上不断产生不合格的领袖，使得个体和群体的利益有所受损，原有的平衡被撕裂或打破。

生产力不断提高，经济一直在发展，社会制度随之变化，个体和群体思维故事也在不断调整。而在个体和群体思维故事互相影响的过程中，毫无疑问，领袖是扮演最重要角色的那个个体，其内在品德和思维故事又在很大程度上决定了将把群体带往何方。

在我们充分认识到合格领袖应该具备的品德之后，还要意识到从思维故事的角度上来说，这些品德是可以培养的。那么如何让更多的个体都能具备这些品德，或者说如何扩大这些群体在领袖候选人中的基数，适应各种领袖筛选制度，让更多个体有机会且有能力面对双重性矛盾，不断寻找之间的平衡点，将是最为重要的社会课题。

第四章

▼

人类的未来

在差异与变化中前进

引文

人与人之间的差异有多大

世界上没有完全相同的两片树叶，人类的不同个体之间也存在着差异，其中部分来自先天。

在美国《科学》周刊于2000年评出的十大科学成就里，人类基因组草图绘制名列榜首。2001年2月12日，人类基因组宣布又绘制出了更加完整、准确、清晰的人类基因图谱。基因测序结果表明，人类基因包含大约3万—4万个基因，共有32亿碱基对。

所有人类都是由共同的祖先演化而来，导致在遗传基因上有大约99.5%是相同的。从这个角度看，似乎个体与个体之间并没有大的差异，但主观的思维故事会让这些少量的先天差异得以放大和僵化。

1429年，航海家哥伦布在西班牙王室的资助下，横渡大西洋，航程目的地是亚洲的印度（India），但最终实际到达的新大陆是美洲。哥伦布错误地把他看到的美洲原住民称为印度人（Indian），即印第安人。

或许在那时，哥伦布也曾经对美洲原住民与真正的印度人在长相之间的差异有过疑惑，因为地球不同区域的人类为了适应不同的气候、地理等环境因素，其外貌在漫长的进化史中产生了分化，例如位于低纬度的非洲日照充足，紫外线强，非洲人的皮肤就比较黑，眼睛呈棕色，而欧洲位于更高的纬度，气候相对寒冷，欧洲人就拥有白色皮肤、蓝色眼睛等特征。

外貌方面的客观差异和后来殖民者对待印第安人的主观差异比起来，可谓小巫见大巫。殖民者在美洲大陆上大肆掠夺印第安人的土地，把印第安人当作奴隶使用。可是在欧洲，民众都很注重私有财产，即使国王也不能无缘无故拿走老百姓的私有财产。怎么欧洲人一到了新大陆，就做出自相矛盾的事情呢?

因为殖民者在原有的思维故事上进行了补充和改写，认为印第安人还没有开化，在文明程度上就像小孩子一样。既然是小孩子，那就还不懂事，需要被教育，所以要派传教士去解救他们的灵魂和迫使他们劳动；既然是小孩子，那就自控力弱，在文明社会里不会让未成年人拥有财产，于是殖民者就合理合法地拿走印第安人的财产。

个体与个体之间的差异到底是大是小，更取决于群体对差异的思维故事是怎么定义的。

讲到差异，必须提起平等。平等作为现代社会的主流观念，其诞生就源于它的对立面——差异。例如，“人人生而平等”，是指尽管人类与生俱来在基因上有上千万个碱基对的不同，还存在年代、国家、种族、家庭的差异，但依然可以在思维上把人类视为一个整体，其中每个个体都应在生存、发展、待遇和机会等方面享有同等的权利与自由。

平等在本质上也是一种思维故事，在其传播和影响下，大多数个体都能接受同样的群体思维故事，保持群体稳定有序地运转。从懵懂之时开始，人就会问自己：我在这个世界上处于什么位置？在群体当中，我的地位是什么，跟其他个体之间的关系是什么样的，彼此之间有什么相同和不同的地方，我有什么该做的事情，有什么不该做的事情，等等。

在过去很长一段时间里，尤其封建社会，对上述的回答是：人生下来在哪个阶层就属于哪个阶层，是不能改变的，也不应该改变。而到了现代社会，回答又变成：人只要凭借自己的努力，都可以获得发展，创造自己想要的人生和未来。

面对着变化快速的当下和变化更快的未来，思维故事会怎么变化，怎么维持个体在群体中的“平等”？

第 1 部分

不平等的
来源

第 1 节　“平等”的群体思维故事并不真正平等

追溯人类历史进程，会发现在现代观念里一些被认为极不平等的群体思维故事，在过去却被视为平等的、合理的，甚至在当时是被群体中大多数个体认为理所应当、毋庸置疑的。其中较为典型的，当属以下两个现象。

第一，君权神授论的群体思维故事。

封建社会的世袭统治者为了巩固自己的权力与地位，会塑造出赋予自身绝对权威的思维故事，然后附加到群体当中，借此增加其统治的合理性。

在古代中国，皇帝被称为“天子”，意思是被上天派来统治人间的，老百姓不能反抗，必须服从。例如中国第一位封建皇帝秦始皇的玉玺上就刻有“受命于天，既寿永昌”，意思是：既然我顺受天命当了皇帝，就应该使天下黎民长寿、国运永久昌盛，宣示了皇帝的权力是由上天所赐的重要前提。后来在皇帝颁发的圣旨里，“皇帝诏曰”之前还有一句“奉天承运”，也是为了把自己的所说所想、所作所为和天意绑定在一起。

在中世纪的欧洲，几乎所有人都笃信基督教，国家的君权就很自然地和宗教里的神权结合起来，君权神授（Divine Right of Kings）的概念由此诞生，目的是为了让民众相信国王的权力来自上帝，服从其统治也就意味着遵从上帝的旨意。

在一些国家的文化里，还有统治者把自己塑造成神的本身，或者神的子嗣。在古埃及，太阳神“拉”被奉为最高神，埃及法老就被说成是“拉”之子，即“拉”的直系后裔，法老的名字后面都要缀上“拉”。在日本，天皇被认为是神武天皇的后代，神武天皇是天照大神的后代，而天照大神又是从日本神话中开天辟地之祖伊奘诺尊眼中诞生。按照逻辑推理下来，日本天皇是以神的子嗣的身份在管理国家。

既然上述这些都是来自上天和神灵的最高安排，那就显得非常平等，并没有谁欺负谁的概念，相反会被认为是理所当然的。君权神授的群体思维故事对社会统治和运行具有重要的作用，无论是对内实行专制集权，还是对外进行侵略扩张，都提供了不容置疑的理论根据。

第二，阶层血统论的群体思维故事。

印度的种姓制度可谓是阶层血统论的典型。它对各个种姓的地位、权利以及从事职业等方面都有着严格的规定与限制，等级和地位由高到低分别是婆罗门、刹帝利、吠舍、首陀罗。

婆罗门的主要职业是祭司和学者，作为宗教及知识领域的核心群体，控制了文化教育和宗教解释权，不仅不必纳税，还不得被处以死刑或肉刑。另外，当时普遍宣扬的思维故事是“向婆罗门赠送礼物的人会得到祝福，将在今生或者来世获得善报，而最受欢迎的礼物是土地”，于是婆罗门就拥有了大量的地产。刹帝利的主要职责是世代守护婆罗门，是王族、贵族、士族所在的阶层，主要从事军事和政治活动，掌控行政特权。吠舍是普通民众阶层，主要从事农业、手工业、商业等，必须向国家缴税，向神庙上供，以供养前两个阶层。首陀罗大多是被征服的土著，只能从事被认为是很低等的职业，例如工匠、佣人。在以上四个种姓之外，还有旃荼罗，是比首陀罗阶层更低的种姓，多从事屠夫和刽子手等职业，被称为“不可接触者”(Untouchables)。

与印度类似，日本在德川幕府时代，国民曾被严格地按照等级制度分为四个阶层：武士、农民、手工业者和商人。武士指战士阶层，最顶端的武士就是将军和大名，掌控着最高权力，有很多武士为其效忠，包括守护其财产和保障其安全等。农民则在土地上辛苦耕耘，生产出来的粮食绝大部分上缴给将军和大名，充足的粮食有利于社会稳定，农民虽然贫穷，但地位仅次于武士。手工业者是第三阶层，包括木工、石匠、铁匠、裁缝等，其中技术高、需求高的工种更受重视，例如能为武士提供兵器的造剑师。商人处于最低的第四阶层，被认为不生产任何东西，只是靠贸易和流通赚钱。日本当时也有与旃荼罗类似的、处于社会最底部的贱民阶层“秽多”“非人”，前者是处理与死亡有关事情的人，例如屠夫；后者通常指乞丐，顾名思义被认为是“连人都算不上”的。

以上这些群体思维故事有着很多共同特征：首先，等级森严，界限清晰，例如下一阶层的人不能从事上一阶层的职业，不同阶层的人不得通婚；其次，阶层带有世袭制和永久性，即各个阶层的出现和延续都是天经地义的，生下来是什么阶层，一辈子都得是什么阶层，而且下一阶层必须服从上一阶层的统治，不允许质疑和反抗。

以现代的眼光看，这些群体思维故事是极其不公平的，充满逻辑漏洞。统治者即使被描述为神的化身或者神的子孙，也并不能永生，一样会有生老病死；统治者即使是最高阶层，也并非战无不胜，一样会经历失败、挫折，甚至被推翻。

可是对当时的群体来说，这却是他们必须接受的平等，在很长一段时间里，绝大多数个体都接受了这样的群体思维故事，并一代又一代地将其传承下来，成为社会发展过程中重要的组成部分。

第2节 “平等”的思维故事深受经济与生产力影响

随着时间推移，客观条件和经济水平等重要因素发生了变化，“平等”的群体思维故事也相应地发生了变化。

从大航海时代开始，海外贸易繁盛，殖民掠夺兴起，生产资料开始集中在新崛起的资本者群体手里，进而导致财富发生重新分配。新势力不可避免地与旧势力发生冲突。

封建制度的群体思维故事例如封地特权、等级制度和人身依附等，都具有很大的封闭性，严重阻碍了资本主义生产方式的发展。在工业时代，工厂需要大量的廉价劳动力，需要人口向城市移动聚集，封建社会以往给民众塑造的群体思维故事就成了新兴生产方式的阻力。资本者群体在争取政治权利和自身利益的过程中，首先要对封建制度的传统文化和群体思维故事发起冲击。

伴随着文艺复兴和启蒙运动带来的思想解放，在17—18世纪，欧美各国先后爆发了革命，打着自由、平等、民主等旗号推翻了封建统治者的管理。民众开始接受相应的群体思维故事，例如托马斯·杰斐逊（Thomas Jefferson）在1776年美国的《独立宣言》中说到的“人皆生而平等”，还有 1789 年法国的《人权宣言》宣布“天赋人权不可剥夺”。

时至今日，这些群体思维故事已经成为现代社会的共同认识与主流思想。但仔细观察会发现，当时的平等和今日的平等还有很大的差别，仅是对某些群体而言的“平等”。

以美国为例，1787 年，美国国会通过了对联邦法律的一项修正案——五分之三妥协（Three-Fifths Compromise）。简单来说，就是在计算每个州众议员席位和直接税税额时，支持奴隶制的州将黑奴的总人口乘以五分之三进行计算。

一个黑奴等于五分之三个人！很难想象这是在提倡“人皆生而平等”的美国所发生的事情，却被真实地写入了法律修正案里。为什么这个现在看似荒谬的群体思维故事，会被当时的民众认为是合理的？因为在当时的美国人看来，这样的“不平等”却是再正常不过的“平等”。

美国的建国者大多数都是拥有大量土地的奴隶主。例如本杰明·富兰克林（Benjamin Franklin），他是美国开国元勋、大陆会议代表及《独立宣言》起草和签署人、美国制宪会议代表及《美利坚合众国宪法》签署人；詹姆斯·麦迪逊（James Madison），最终敲定五分之三比例的人，他不仅是美国第四任总统，还被称为“美国宪法之父”；其他奴隶主还包括美国首位总统、被誉为“美国国父”的乔治·华盛顿，美国第三任总统、《独立宣言》主要起草人托马斯·杰斐逊等。

“人皆生而平等”是《独立宣言》中最著名的一句，也被誉为是一句“不朽的宣言”。但在当时，这句话中的“人”指的仅仅是拥有地产的白人男性。换句话说，只有白人男性才是生来就能享受自由、平等的公民。黑奴是从非洲来的廉价劳动力，为了让这种不平等关系合理化，就要从群体思维故事的层面上，让黑奴等同于财产或资产，而非和白人平等的人。如果有真正的平等，黑人也就不能是奴隶了。

回顾殖民历史可以发现，最初为了拓展海外市场，欧洲的殖民者长途跋涉来到非洲和美洲，想把对当地原住民的掠夺和改造变得合理化，把对他们的统治变得理所当然，塑造的群体思维故事就是：把先进的文明带给落后的地方，这是善事，甚至还是上帝的旨意。

例如，当西班牙人来到南美大陆，与当地的阿兹特克文明相遇时，他们发现用鲜血祭神的印第安人信奉太阳神，于是要替上帝施加惩罚，用武力镇压他们。当时，从西班牙传入南美的瘟疫造成了一千五百万印第安人死亡，加速了整个阿兹特克文明的衰落。西班牙人的群体思维故事则认为结果是对方应得的，是上帝对不服教化的低等人的合理惩罚。最后，臣服于西班牙人统治的印第安人必须说西班牙语，信奉天主教，胜利也加固了殖民者认为自己地位高于原住民的群体思维故事。

16—19世纪，欧洲殖民者将大批黑奴从非洲运到美国，主要用在南部各州的农庄种植棉花。对美国的奴隶主来说，他们需要大量既廉价又好用的劳动力来为自己工作，为了给这种不平等的关系提供合理解释，就引用了以下的群体思维故事。

首先，奴隶主引用《圣经》中的故事，试图从宗教角度来解释白人和黑人之间的区别，宣扬黑人天生就应该被白人统治，这是上帝对黑人的恩赐。

在《圣经》的记载中，人类因为作恶多端，被天降洪水毁灭，但因为诺亚平时做了很多善事，上帝提前通知他建造方舟避难，诺亚一家成为唯一幸存下来的人类。诺亚有三个孩子，分别是闪、含、雅弗，后来在世界各地开枝散叶，如今的人类都是诺亚及其孩子的后代。《圣经·创世记》记载了在大洪水过后的一个故事：有一天，诺亚喝醉了，脱光了衣服躺在帐篷里。含看到自己的父亲赤身裸体躺在帐篷里，就出去告诉另外两个兄弟。闪和雅弗拿了一件长袍，搭在两人的背上，倒退着走进帐篷，把长袍盖在了父亲身上。在做这件事情的时候，他们两人始终把脸朝向外面，没有看到父亲的裸体。诺亚酒醒后，知道了三个孩子所做的事情，便诅咒含和含的后代做两位兄弟及其后代的奴隶。

在《圣经》故事的基础上，奴隶主认为含的后代中的一支迁徙到了非洲并建立统治，又与当地的土著通婚，因而形成了如今的非洲黑人种族。因为含的子孙是被诅咒过的，非洲注定落后于欧洲，黑人注定要被白人统治。

其次，奴隶主引用“物竞天择，适者生存”的观点来解释白人和黑人之间的关系：白人是最优秀的种族，应该主宰世界，而黑人是劣等人种，弱者被强者奴役是理所当然的。

最后，奴隶主还制定了一系列的制度，以防止黑人在社会中取得权利与地位，扼杀他们接近白人的可能性，例如不允许黑人接受任何教育，黑人和白人之间不能通婚，等等。

于是，就像过去封建社会的群体思维故事一样，农民的孩子一出生就是农民，就得接受封建贵族的统治；奴隶主宣传的群体思维故事则是黑奴天生就是奴隶，就得为奴隶主工作，不能反抗；即使有不接受的黑奴选择反抗暴动，也会被武力镇压，遭受酷刑折磨。

了解以上种种之后，再把视线转回到五分之三妥协上，就会对此修正案的诞生有更为深刻的理解。当反对奴隶制的北方自由州认为应该只计算每个州的自由居民时，南方蓄奴州就不得不面对其群体思维故事在自身利益上出现的矛盾：如果不把奴隶当人，在靠人口获得国会席位的政治利益上，奴隶主就吃亏了。最后双方达成了妥协，将两者折中一下，把一个黑奴按五分之三个人来计算。

出于满足庄园、农场、种植园等繁重体力劳动的生产需要，加上当时的历史背景、所处环境等因素的影响，美国的政治领袖形成了自认为“平等”的群体思维故事，并施加影响到了群体之中，让个体接受这种平等。

思维故事在逻辑上并不需要严密周全。从上述黑人平等待遇的变化过程中可以看出，一方面，新崛起的美国群体想要获得更大的自由权利，认为封建制度限制了自身的利益，塑造的群体思维故事就是：反对封建专制，反对宗教独权，人皆生而平等。另一方面，当他们需要黑奴来为自己工作的时候，塑造的群体思维故事又认为奴役反而是对黑人好的，是对黑人的恩赐。

同样，女性历来也在不平等的“平等”的群体思维故事之下生活。很长一段时间里，传统观念是重男轻女的，认为女性只要做贤妻良母，帮助男性传宗接代，在家里照顾家人就够了，并不需要学习，或者到社会上做直接贡献，于是创造了诸如“男尊女卑”“三从四德”“女子无才便是德”等群体思维故事，几千年来一直被民众接受和认可。

20 世纪 60 年代，女权主义运动在美国掀起了浪潮，因为第二次世界大战期间男人负责参军打仗，女人需要出来工作，为女权主义运动提供了客观基础，不平等的“平等”的思维故事才逐渐被改写。

“人人生而平等，但有些人更加平等”，就像英国著名小说家乔治·奥威尔（George Orwell）在其著作《动物庄园》里戏谑化的矛盾那样，无论封建时代的群体思维故事，还是资本主义时代的群体思维故事，都可能是自相矛盾的，因为思维故事原本以个体的主观判断为出发点，并不存在绝对的对与错。只要群体中的大多数个体愿意接受这个思维故事，相信这是正确的、应该贯彻的，就会不断传承下去。

人类文明存在了五千多年，从生物学角度而言，相对漫长而缓慢的生物演化过程，只是白驹过隙的一瞬间。主观的思维故事始终在适应着客观的生产力、生产方式、经济条件，随其变化而变化，进而影响着个体与个体之间的关系，关于“平等”的群体思维故事也在不断变化。

第 2 部分

快速变化对“平等”的思维故事的发展影响

第 1 节　经济发展激化不同世代间的冲突

代沟指不同世代之间在思想、价值观、生活方式以及兴趣爱好等方面的差异、对立和冲突。时代日新月异和社会快速变化是形成代沟的重要原因，由此产生的冲突不仅局限于无实体的意识形态，而是越来越多地体现在有关现实的生活之中。

繁衍是生物最原始的本能之一。中国有句俗话：“不孝有三，无后为大。”各个国家和民族，不同习俗和文化的群体都非常重视种群的繁衍，有些宗教甚至将其纳入教义之中。比如天主教就严禁堕胎行为。

人类的发展在世代间的亲情维系下有序地前进，上一代的奋斗除了为自身谋利益，也是为了“让下一代过上更好的生活”；而等下一代长大之后，他们同样也要肩负起责任，赡养老去的上一代。

但是，现代社会在繁衍方面逐渐显露出两大问题，那就是出生率的下降和人口的老龄化。这已成为很多国家亟待解决的社会问题，甚至一些国家正面临人口负增长，例如日本、俄罗斯等。

2018年12月，医学期刊《柳叶刀》发布的报告显示：1950年，全球女性一生中平均生育4.7个孩子，到了2017年则缩减到2.4个孩子。以美国为例，2018年，美国的生育率是历史最低的1.7，也就是说，每个女性只生1.7个孩子，低于人口替代率16%。

随着生活条件的提高和医疗技术的进步，人类的平均寿命逐步提高。世界卫生组织发布的《世界卫生统计2018》数据显示：全球人口的平均预期寿命已达到72岁；1970—1975年至2010—2015年间，全球的预期寿命从58.1岁延长至70.8岁，增加了12.7岁，并预计在2045—2050年会增至76.9岁。

联合国在《世界人口趋势报告》中提到，预计到2050年，全球人口中65岁以上的老年人口将占总人口的16%；而2017年这项数字仅为9%，也就是说，在不到30多年的时间里，老年人口将近翻倍。

下一代人的数量越来越少，上一代人的寿命越来越长，无疑会加剧世代间的冲突，首当其冲的就是养老金的入不敷出，而且已成为国际共同难题。养老金的入账依靠还在工作的这一代人，支付给已经退休的上一代人。当退休群体增加过多且寿命普遍延长，支出就会相应增加，加上受通货膨胀影响每年还得涨金额，当新增入账弥补不了支出空缺时，养老金就发生亏损。

中国国家统计局在建国70周年经济社会发展成就系列报告中的数据显示：2000年，中国65岁及以上人口比重达到7.0%，0—14岁人口比重为22.9%，这意味着老年型年龄结构初步形成，中国开始步入老龄化社会。到了2018年，前者数字增至11.9%，后者数字降至16.9%，人口老龄化程度持续加深。2018年老年人口与劳动年龄人口的比例大致为1:4，到 2035 年就会变成 1:2，意味着每 2 个劳动力养 1 位老人，进一步加剧了养老金的支出压力。

人口老龄化的加速会对社会保障和公共服务造成很大的压力，人口红利减少甚至消失，进而影响社会活力、创新动力和经济增长率，是每个国家都将面临的重要风险和巨大挑战。

即便是美国这样人口结构还没有严重老龄化的发达国家，养老金问题也已对国家财政造成了严重威胁。简单算一笔账，马上就知道该问题到了何种危急程度。

在美国政府的财政预算中，退休金、失业保障金、医疗保险等福利项目是政府每年承诺必须要支付的固定开支，一般占全部支出的 50%，还有接近 10% 是支付之前所累积的债券利息。

美国财政部与白宫行政管理和预算局对 2017 财年的报告显示，美国联邦政府财政收入同比增加 1.5%至约 3.32 万亿美元，财政支出同比增加 3.3%至约 3.98 万亿美元。美国政府每年都在产生赤字，每年都在欠新债。

在福利项目方面，美国政府用于支付社保、医保等方面的欠款总计可达 53 万亿美元。州政府也没比联邦政府好到哪去，同样每年欠钱，需要支付给州政府员工的养老金大约为 6 万亿美元。

2019 财年，美国联邦政府的财政开支大约为 4.4 万亿美元，占了 GDP 近 20%。在经济低潮期，例如新冠病毒疫情期，政府支出还需上升，用来更多地刺激经济增长，因此财政压力可想而知。

老龄化和少子化带来的不仅仅是养老金的断供风险，更会导致不同世代间的冲突，衍生出一系列的社会问题。面对越来越庞大的老年人口，为了弥补养老金不足的缺口，政府只能一边加大转移支付，一边延迟退休年龄。这一代人辛苦工作一辈子，很可能只够供养上一代人，等自己老了之后，却未必能获得同等的待遇。

一定阶段内可获得的物质资源总量是有限的，上一代人获取资源后，下一代人可以获取的就相对减少，老年人和年轻人之间存在着竞争关系。在过去人口快速成长的年代，群体思维故事是要为下一代着想，绝大多数个体都接受这样的思维故事，因为人们都有孩子，而且多个孩子意味着多个生产力。如果抚养孩子的成本大幅提高，孩子数量越来越少，甚至多数个体连孩子都没有，而自己的寿命又越来越长，自身各式各样的需求增加，之前的思维故事也会随之产生变化，甚至差异巨大。

第 2 节　技术发展放大不同群体间的割裂

曾有观点认为，全球化会打破国与国之间的界限，让世界可以更好、更快、更深刻地融为一体。随着互联网浪潮的兴起，全世界比过去任何时候都更像“地球村”，人类在网上能同时看到同样的信息，沟通距离也被无限拉近，可以随时随地进行交流。

在此基础上，可能会认为群体的思维故事会越来越趋于一致，但事实并非如此。思维故事是个体在主观层面的判断和构想，互联网赋予个体机会去一次次地强调自己主观想法，而且对于异己的群体思维故事也会产生强烈的排斥。

美国哈佛大学法学院教授凯斯·桑斯坦（Cass Sunstein）曾提出过“信息茧房”（Information Cocoon）的概念。他认为，在互联网时代，随着传播技术的发达和信息量的暴增，每个个体在对信息的偏好和算法推荐的结合下，会产生类似“茧”的自我信息封闭状态。

简单来说，就是每个个体都习惯于根据自己主观世界里的思维故事，在客观世界里寻找符合的信息，导致主观想法被不断强化，以至于所看到的世界很大程度上就是自己脑海里想要的世界。这就像“盲人摸象”，当你只针对大象的某一个部分不断测量的时候，那你就会坚信，大象长得就像一根柱子，或者一堵墙。

在碎片化信息的海洋中，个体更倾向于从主观的思维故事出发，寻找巩固自己观点的信息。一旦陷入误区，个体很容易拒绝听取与自己不同的观点和声音，沉浸在自己营造的主观世界里，故步自封，久而久之就会导致思维固化。

例如在 2020 年新冠病毒疫情期间，同样是面对病毒，不同国家的民众在认知层面上的差异巨大。最典型的差异，体现在“戴不戴口罩”上。

经过医疗检测和科学论证，新冠病毒其中一个主要传染途径是飞沫传播，戴口罩是有效隔绝病毒的预防方式。但为什么面对客观事实，有些国家不鼓励民众戴口罩，上至国家元首，下至老百姓，都对戴口罩抵触呢？例如当新冠病毒在巴西爆发后，巴西总统雅伊尔 · 梅西亚斯 · 博索纳罗（Jair Messias Bolsonaro）不支持戴口罩的防疫措施，不仅废止了强制佩戴口罩的相关法律，还在首都巴西利亚的聚会活动上不戴口罩地和相关人员合影留念，事后照片被发到了社交网站上。

所谓文化，其实是一个国家和民族在长时间沉淀后所形成的群体思维故事。从这个角度来说，选择戴或不戴口罩，来自各自不同的群体思维故事。

有一些国家的群体思维故事是：如果个体在没有生病的情况下，主动戴上口罩，人权受到了束缚，也违背了对自由的信仰。另有一些国家的群体思维故事则是：这体现了集体主义的价值观，即通过这一举动来表现出团结一致、协作共赢的向心力。

从思维故事的角度去看待差异，就能理解不同行为背后的主观逻辑。但在现实中，要做到则比较困难。当差异显现出来之后，绝大多数个体并不会选择去了解对方背后的思维故事，而是马上分出“对”与“错”的立场，各自站队，然后陷入争论之中，甚至不惜伤害和攻击对方来证明自己是正确的。这种现象在网络上，在网民群体中体现得尤为强烈。

互联网等现代技术拉近了个体与个体的空间距离，却也固化了个体与个体的认知差异。在未来，人类必定会经历更多更有冲击力的科技创新浪潮。这些颠覆性的科技变革在于它可能不同于以往，在改变人类的生产和生活方式的基础上还会加剧个体与个体之间的差异，包括在先天基因、后天条件、寿命及能力等重要方面制造鸿沟。这势必会对原有的群体思维故事造成极大的冲击，从根本上颠覆“平等”的概念。

第 3 部分

差异在未来
将被加速放大

第 1 节　三大技术变革对差异的影响

在原始社会，人类主要以打猎和采集来获取食物，冶炼技术的进步使得铁制农具被广泛应用，进而推动了小农经济与封建社会的发展。

到了 18—19 世纪，第一次工业革命通过一系列技术革新，引发了从手工劳动向动力机器生产的重大飞跃，推动了工业化的进程。19 世纪中期的第二次工业革命让人类社会进入了电气时代。发生于 20 世纪中期的信息革命，通过计算机及互联网技术的飞跃式发展，影响了整个人类社会的经济、政治、文化等方面，改变了人类的生活习惯和思维方式。

在人类历史上，科学技术是推动经济发展的最大原动力之一。当前，全球科学技术的创新与发展盛况空前。新一代信息技术、生物技术、材料技术等领域不断呈现出多点突破、交叉汇聚的研发成果。人工智能、基因工程、纳米技术，就是其中最具代表性的三项新兴技术，将极大地加剧人类社会中的差异。

第一项技术是人工智能（Artificial Intelligence，简称 AI），它是研究、开发用于模拟、延伸和扩展人的智能的理论、方法及应用系统的技术科学。人工智能技术发展到今日，已取得了很多令人叹服的成果。早在数年前，谷歌开发的 AlphaGo 就曾在围棋比赛中战胜了柯洁、李世石等名将，卡内基梅隆大学开发的 Libratus 也在德州扑克比赛中击败了人类最顶尖的玩家。

除此以外，人工智能也开始广泛应用于日常生活之中。例如，智能搜索、算法推荐、语言翻译、语音及人脸的智能识别，还有技术日趋成熟、即将普及的无人驾驶和智能机器人等。正如当年的互联网改变了人类的生活一样，所有行业都与互联网融合，成为“互联网 +”，未来的所有行业也都会叠加人工智能技术，成为“AI+”。

人工智能甚至会改变人类本身。科幻电影中经常出现这样的场景：某块功能芯片被植入人体内，使得人一下子变得异常强大。概念的出处来自生物黑客植入技术。事实上，类似的人体改造技术并不仅存于电影桥段中，而是早已被应用于实际生活，最常见的例子是心脏起搏器的植入。

高科技创业者埃隆 · 马斯克（Elon Musk）不仅醉心于制造火箭，对人工智能技术也同样充满兴趣。他认为“既然不能成为 AI 机器人，就成为 AI 载体”。于是，他斥资数千万美元，入股了一家名为“神经网”（Neuralink）的公司，其研究方向就是致力于开发脑机接口，实现让人脑与电脑直接相连的技术，将人工智能的强大运算能力与人脑直接融合起来，从而形成真正的“超级大脑”。

可以想象，在人脑中植入这样一块芯片，就可以瞬间连接互联网，获取全球所有信息。得到人工智能的帮助后，人脑的计算能力、数据处理速度都会有大幅提升，还可以储存更多的知识，更快地检索到需要的内容，帮助人类处理现实生活中的种种问题。

很多人可能觉得这样的想法天马行空，但实际上它正在现实中发生。仔细想一想，每天自己使用着智能手机和电脑的各种行为：每当遇到问题，想到的第一个方法就是在网上查一下；绝大多数人可能早就不记得别人的手机号码，毕竟只要打开手机通讯簿，全都在里面，还可以通过语音拨号，连手动输入都省了。

在不知不觉中，人工智能设备已经成为人类储存信息、处理问题等各方面不可分离的工具与帮手，甚至可以被理解为现代人类的外界器官和身体延伸。在不久的将来，设备能够和大脑直接相连，进一步强化人类的大脑功能。

第二项技术是基因工程（Genetic Engineering），这是在分子水平上对基因进行操作的复杂技术。其中基因编辑最为人所熟知，能够让人类对目标基因进行定点编辑，实现对特定 DNA 片段的修改，因此也被称为“分子剪刀”。

自 1996 年成功建立了人类的遗传基因图谱之后，科学家就已经在畅想基因编辑技术如何应用在人类身上。例如通过调整人类胚胎的基因，消除原本患有遗传疾病的部分；或者通过后天干预，避免以后患上某些疾病的可能；甚至从基因的角度对人类进行优化，让人类在各种领域拥有更优秀的能力，比如身体更强壮，智商更高，寿命更长，抵抗力更好。

现在，原是原核生物（细菌、古菌）的一种特有的自我保护机制、名为 CRISPR 的基因编辑技术可能极大程度地改变人类和地球上的其他生物。经过研究，科学家已经能够将 CRISPR 的技术应用在 DNA 序列的基因编辑上，通过发现、切除并取代 DNA 的特定部分，使导致疾病的基因错误得到纠正，消除导致疾病的微生物，等等。

从医学案例中发现，基因上的变异会导致大脑功能的缺失或者异常，比如有些个体天生就有过目不忘的能力，或者难以察觉到痛的感觉。那么在未来是否可以通过类似 CRISPR 的技术，来人为地再现这些特例？

情绪的本质是身体分泌的化学物质，现在也有各种各样的药物促进或者抑制情绪的产生。是否有可能通过类似 CRISPR 的技术在胚胎的时期就进行调整，让孩子长大以后更容易感受到快乐，更难感受到悲伤，甚至让情绪消失？

可以预见，这项技术的应用推广势必会激起更大的社会争议，因为经过后天调整的人类基因与原生态的人类基因将存在很大的差异。而更让民众心怀恐惧的是，技术的成熟意味着未来人类的一切基因都可能在后天被改变，那些缺乏经济条件和社会资源的群体可能会被拉开不可逾越的差距。

第三项技术是纳米技术（Nanotechnology）。简单来说，是用单个原子、分子制造物质的技术。纳米材料是其中最主要的细分领域之一，特别是在生物医学领域中的应用，通过纳米材料培育人体器官将会是未来的一大趋势。

现在很多个体的身体里已经存在着用来替换原生部件的人工材料或工具，例如利用特别物质制作的人工关节。对于那些髋关节、膝关节等部位出现问题的病人，医生可以用人工关节来代替其疼痛或者已经丧失功能的原生关节，还可用于矫正畸形、恢复和改善关节的运动功能。

人类所面对的很多疾病都是身体在微观层面发生的某些反应，通过纳米机器人在人体内对各种疾病病原进行定点清理，可以摧毁病原体，清除血栓、肿瘤以及杂物，甚至逆转衰老过程。例如，让人类备受困扰的肥胖症是因脂肪在人体内堆积造成的，让纳米机器人进入人体，可以将脂肪粒子逐个识别、搬运或消除。

人类从未停止过从硬件方面强化自身的脚步，例如通过高科技改造人体内的器官，提升人类肉体的强度，还有通过机械改造，直接用机械肢体取代原本的血肉之躯，等等。纳米技术的强大性能不仅会用在伤员病患的治疗上，同样可以用来在后天增强人类的身体机能。

仅从人工智能、基因工程、纳米技术这三项技术方面，就可以窥探到未来时代的画面。从基因角度，在自己后代出生前就通过基因编辑技术让他们变得更加优秀；从“软件”角度，大脑可以内嵌芯片以拥有 AI 强大的计算、记忆和处理能力，远超普通人脑的级别；从“硬件”角度，身体的某些部分会被外部材料所替代，拥有超过原始肉体的高性能。

技术可以为人类创造美好的未来，但也同样埋下了隐患：如果个体与个体之间的差异变得越来越大，那么矛盾的激化是否也将不可避免？人类应该怎么对待个体与群体之间的关系，怎么调整个体与群体之间的思维故事？

第 2 节　领袖对“平等”的意义

当人类以个体存在的时候，在自然界中是相对弱小的。为了更好地生存、繁衍，个体汇聚成群体，互相帮助，互相竞争，由此也就产生了双重性矛盾。人类逐渐意识到，为了让自己的个体利益最大化，需要维持群体的存在，需要和其他个体合作，为群体付出。正是因为群体的强大和高效，才使得人类能够从物种进化的荆棘丛林中，创造出辉煌的文明并传承至今，但个体利益最大化也会让群体的流畅运转不断出现挑战和障碍。

人类作为物种，每个个体从基因的角度上来说都没有大的差异，而且个体对群体存在生存依赖。所以，从人类社会建立之初至今，有两点特质始终保持着：第一，个体在群体中有明显的分工与责任；第二，个体在群体中生存，能够明确感受到自己的归属与地位，每人都有所被需要的“平等”地位的思维故事。

但随着科技的不断发展，一切都在发生变化。最初，人类仅靠双手来进行打猎和采集；之后很快学会了使用工具，再到驯养牲畜来协助劳作，例如用马作为代步工具，用牛来耕田等。进入工业时代，通过蒸汽、发电产生的能量来驱动机器，机械化又取代了绝大多数的人力和畜力。进入信息时代后，计算机凭借强大的运算、储存和处理数据的能力，取代了很多原来由人类担任的职位。

在未来，人类可能不再需要他人来为自己分工做事，很多时候可以独立完成原来需要与他人合作的事情。虽然用网络查资料离不开发布信息和管理网络的工程师，用手机离不开手机工厂流水线上生产的工人，但在操作的过程中可能不再有具体的合作对象出现在我们面前。这一切让我们强烈地意识到自己并没有处于群体之中，个体与个体之间的联系与纽带可能会越来越淡薄。

再加上技术变革会使得个体与个体之间的客观差异拉大。由此，从人类社会建立之初就存在的两点特质在未来将会面临大幅削弱，甚至不复存在。在这种情况下，可能彻底颠覆现代人关于平等的群体思维故事。

试想一下，孩子自出生开始，其基因和身体就被人工优化，那他的生命到底是谁赋予的呢？他的强壮又源自谁？父母当然是一方面，但已经并非全部了。既然如此，以前所谓的“父母给予了我们生命，辛苦抚养我们长大，所以我们也要倾尽全力赡养父母”的思维故事就会被改变。

新一代人的生命只有部分源自父母，同时，赡养老一代人的代价又远远要大于他们曾经付出的。那么，他们又为什么要抚养老一代人呢？不同世代之间的关系要如何重新定义？

崇拜英雄的群体思维故事还会存在吗？试想，当你的身体通过各种高科技手段变得日益强大、超乎常人的时候，民众的群体思维故事可能会从“我崇拜神”变成“我就是神”，因为你的确就是像神一样的存在。

未来究竟如何，谁也无法完全预料。但可以预见的是，未来肯定会迎来一段充满变数的过渡时期，必然会引起众多新老思维故事之间的冲突。诸如人际关系、世代交替，甚至什么是人等概念都可能被重新定义。不同的国家、种族、世代、男人和女人、穷人和富人，不同群体之间的割裂都在快速变化，也必然会加剧。

针对过渡时期将会产生的隐忧，很早就有人提出，未来需要禁止一切可能会改变人类的高科技项目，并以此为目的组成全球性的联盟，让所有国家都同意并遵守规定。

从国家之间的竞争角度来说，如果一个国家禁止了某些技术，不管是人工智能、基因工程还是纳米技术等，但是另一个国家没有禁止，那对方可能就在这些技术上更领先了，甚至在国力上超越那些禁止发展技术的国家。

要让所有国家一起禁止或者同步协作是极其困难的，因为个体与个体、群体与群体之间存在着双重性矛盾。人类能做到的是培养出一批适合新时代的合格领袖，在过渡时期带领不同的群体前进，在最大程度上求同存异。

在美国的主流文化中，一直有这样的群体思维故事：美国是被上帝选中的国家，需要对全人类的发展和命运承担责任，也有义务去拯救落后闭塞的国家。其形成的原因与清教徒传统有关。当清教徒从英国来到美洲新大陆时，引用了《圣经》中的典故——山顶上的闪光之城(Shining City on the Hill)，出自《马太福音》第五章第14节："你们是世上的光，城造在山上是不能隐藏的。人点灯，不能放在斗底下，要放在灯台上，照亮一家人。"这就是美国最初被称为"灯塔之国"的来由。清教徒坚信上帝与他们有契约，挑选了他们离开欧洲，到新大陆去建立"山巅之城"，并领导世界上的其他国家。

20世纪后半叶，以美国和苏联为首的两大阵营在政治、经济、军事等各方面掀起的一系列竞争，不仅是两个超级大国之间的对抗，也是两种制度、两种价值观、两种群体思维故事的对抗。1991年苏联解体，冷战宣告结束，美国获得了胜利，成为当时世界上唯一的超级大国，无论是文化软实力还是科技硬实力都可谓独占鳌头。

至此，很多美国人认为，历史的旧篇章已经终结，未来的世界肯定会朝着同一个方向发展，就是美国人引领的发展方向，所有个体都应该接受美国的群体思维故事。美国当时在经济、技术、文化等方面均处于世界领先地位，全世界都学习美国的理念和方法，世界就会趋于统一。

然而美国在向世界输出"美国模式"的过程中发现，很多国家都有自己的客观环境和已有的群体思维故事，"美国模式"并不适用于所有国家。比如中东，美国先后投入了几十年的时间，花费超万亿美元，想要建立起美国式的秩序，结果却遇到了众多难题，深陷泥潭。

以伊拉克为例，美国凭借强大的军力攻下了伊拉克之后，希望在当地建立新的制度，于是把旧制度下的执行者都清除掉，包括解散了伊拉克的政府军和当时的执政党——阿拉伯复兴社会党。结果适得其反。阿拉伯复兴社会党在伊拉克执政 35 年，根基深厚，在时任总统萨达姆·侯赛因（Saddam Hussein）的领导下，培养出一批有能力且在政府里任职的党员骨干。该党被解散后就变成了反对派势力，组织起武装力量跟美国、美军和美国后来扶持的新一届政府进行对抗。

伊拉克人大都信奉伊斯兰教，但其实分成了三派，分别是北部的库尔德人、中部的逊尼派穆斯林和南部的什叶派穆斯林。历史上，三者之间积怨很深。在萨达姆时期，属于逊尼派的他凭借铁腕统治维持着对伊拉克国民的凝聚力，在他下台后，拥有不同群体思维故事的三者都想把各自的利益最大化，于是矛盾和分裂更加激化。而在美国植入到伊拉克的新政府及民主制度里，当中还夹杂了个体和少数群体把他们的利益最大化衍生出的严重贪污腐败现象。

美国人觉得自己国家的制度和结构是最好的，认为如果能把这样的思维故事灌输到伊拉克，假以时日肯定能获得同样好的结果，会使伊拉克政权稳定，成为主权独立但内部又互相制衡的民主国家。实际情况却事与愿违，伊拉克从 2003 年至今仍然处在被各大派系割据的状态，原因就在于不同思维故事之间继续的冲突，个体利益最大化和群体利益最大化之间继续的冲突。在这个过程中，美国的失败之处还在于没有帮助伊拉克人找到合格领袖，去整合重建群体的思维故事，带领伊拉克人走上复兴之路。

不仅伊拉克如此，在全球范围也没有出现“美国模式”下的世界大同，反而朝着更加多元化的方向发展。不同国家的民族、经济、人口、地缘、资源等方面都存在差异，双重性矛盾使得各个国家的思维故事的演变过程和方向也各有差异。

在群体思维故事的改变中起最大作用的就是领袖，而在群体思维故事的影响下，个体也将调整自己的思维故事。即使个体来自不同的国家，在不同的文化背景下长大，有着不同的思维故事，但只要跟随着有着同样品德的领袖，就能更好地和其他群体合作，以多元化的方式，让所有人类朝向同一方向努力。

回看美国本身。第二次世界大战结束之后，美国生产力大幅发展，20 世纪 60 年代其 GDP 一度占到全世界的 40%。从 70 年代开始，美国的多个传统产业开始逐渐衰退，最典型要数制造业和纺织业，而这些受到全球化冲击的传统产业大多聚集在美国的中部。到了 80 年代，新型高科技发展加速，电脑问世，相关产业主要分布在海岸边的城市，如波士顿、旧金山、西雅图等。

从建国至今，白人一直占据着美国人口的绝大多数。在很长时间里，美国的移民政策对非白人国家有所限制。直到 1965 年移民法案改革后，世界各国民众才有机会移民美国，导致美国的少数族裔数量迅速增长，而他们更多选择到东西两岸落地生根。据相关数据统计，到 2045 年，美国人口中的白人占比会大幅下降，低于 50%，成为多数的“少数族裔”。

从财富角度看，美国人的贫富差距越来越大。1963—2016 年，美国最贫穷的 10% 的人从当时资产接近于零，到现在变成了平均每个家庭背负着大约 1000 美元债务。有钱人和中产阶级之间的财富差距在 1963 年是相差 6 倍左右，到了 2016 年则扩大到了 12 倍。

美国民众正逐渐分化成不同群体，例如从全球化、科技发展、种族增长等方面获益的群体和并没有从此获益甚至可能利益受损的群体。

2016 年，此前毫无从政经验的地产商人、媒体红人唐纳德 · 特朗普（Donald Trump）在美国总统大选中异军突起，最终战胜了政坛老将、前国务卿希拉里 · 克林顿（Hillary Clinton），当选美国第 45 任总统。特朗普擅长引导民众的群体思维故事，他在竞选中推出“美国第一”的口号，强烈反对全球化，具体措施包括收缩并限制移民，在美国与墨西哥的边境修建隔离墙，发动多方贸易战，退出多个重要国际组织等。

那些感觉自己没有从全球化和高科技发展中获益的、感觉自己的个体利益或所在群体的利益受到损害的美国人，选择把选票投给了特朗普。特朗普抓住了客观变化导致的越来越激化的群体割裂，成功当选。

上任之后，特朗普自己的个体思维故事又推动了群体思维故事的发展，甚至更加激化。他禁止了多个伊斯兰国家、非洲国家及拉丁美洲国家的移民。他先后任命了抱有传统价值观的三位大法官和超过 200 位联邦法官，因为美国联邦法院的法官是终身制，其上任对美国产生了深远影响。

作为美国总统——美国民众票选的最高领袖，特朗普的个体思维故事对美国的支配和影响，最典型的体现就是在应对新冠疫情方面。

一开始，特朗普不承认这是疫情，只是大号流感。他担心一旦承认，就意味着防疫不力，可能就会给自己谋求连任带来负面影响。他有一个很深刻的个体思维故事——就算犯错也永远不能承认。他一直延续他最初的做法，而新冠病毒在美国扩散得越来越厉害。

特朗普始终宣称：“新冠病毒不是问题，马上就会得到解决。”甚至自己得病之后也说：“新冠病毒并不可怕，不要让它打倒你。”在他对疫情防控不力的影响下，2020 年有超过 34 万美国人被新冠病毒夺去生命，死亡人数居世界第一。

在 2020 年总统大选的时候，更多美国人选择把选票投给了约瑟夫 · 拜登（Joseph Biden），而不是特朗普。这时候，特朗普的个体思维故事继续推动他坚决不承认失败，而是说美国的民主制度出现了问题，甚至存在系统性的舞弊，造成部分美国人对该制度产生了质疑。

特朗普的出现对美国影响很大，其执政四年给世界留下了很多值得深思的地方。在如何筛选合格领袖这方面，他是值得探讨的案例：越是想解决人类最重要的问题，越需要领袖，而领袖是否合格，能否具有良好品德，会直接影响国家、群体的发展和演变。

面向变化速度更快、矛盾更加激化的未来，可以更好面对双重性矛盾、带领群体求同存异地前进的领袖至关重要。人类历史上没有任何一个时间节点比现在更需要培养和筛选这样的领袖。领袖的品质并不与生俱来，而是可以培养的。如果每个群体都能有这样的领袖就任，就更有机会让全人类在差异与变化中前进，走向未知的未来。

第五章

领袖的培养

在矛盾与变革中成长

引文

群体思维
故事难以彻底统一

在工业革命之前，西方的教育是伴随着宗教发展起来的。在中世纪的欧洲，教会基本垄断了教育，其长期输出的教育内容符合宗教信仰的群体思维故事。例如学生必须学习怎样成为虔诚的信徒，需要严格遵守教规，依照教会教导的方式去生活。教会的群体思维故事告诉学生：只有这样做，而且做到位了，才能在死后升入天堂。

群体思维故事被灌输给民众之后，受到双重性矛盾的影响，会衍生变化成不同的个体思维故事。天主教与新教之间的分歧产生过程就是典型案例。

天主教会向信徒输出有关“赎罪”的群体思维故事，大意是：信徒可以通过向耶稣基督诚心祷告、忏悔及某种实际表现来获得赦免。信徒接受了这样的概念以后，选择的具体方式可谓五花八门，有的个体捐献财物，有的个体折磨肉体，还有修道院以救赎为目的，引发民众进行极端的苦行竞争。

天主教会发行过所谓的“赎罪券”。1095 年，教皇乌尔班二世（Pope

Urban II）发动了第一次十字军东征。为了鼓舞士气，他宣告："凡参加东征的人，他们死后的灵魂将直接升入天堂，不必在炼狱中经受煎熬！凡动身前往的人，不论在陆地或海上，只要在反异教徒的战争中失去生命的，罪愆将在那一瞬间获得赦免，并得到天国永不朽灭的荣耀！"十字军里每个个体都可以从教会那里获得赎罪券，用以减免自己所犯下的罪行。基于这一举措，信徒源源不断地加入战争行列之中。在此之后，赎罪券便开始合法发行，信徒可以通过支付费用来获得所谓的救赎，教会也借此扩增收入，赎罪券逐渐变成了教会高层搜刮钱财的工具。

当时欧洲国王都是天主教徒，天主教的最高领袖是在意大利罗马的教皇，教皇下面有枢机主教（Cardinal），属于高级神职人员。教皇权力很大，如果他觉得哪个个体没有遵照天主教的教规，可以将其逐出教会，开除教籍。信徒一旦被开除了，意味着不能上天堂，只能下地狱，所以连国王都害怕教皇。

教皇由枢机主教们选举出来，按道理应该是修行最深、最有品德的。每个信徒都知道成为教皇后会拥有巨大权力，获得很多财富和利益，就会用各式各样的方法，把自己家族的人推选上位，尤其是那些希望巩固自身利益的大家族。

文艺复兴时期的最后一位教皇是美第奇家族后人利奥十世（Leo X，1513—1521 年在位），他喜欢享受生活，平时大手大脚，据说每顿饭有 60 道菜。他还在圣彼得大教堂的修建工程上投入巨额资金。没过多久，他不仅把前任教皇留下的积蓄和每年的收入都挥霍完了，还透支了之后继承者的未来收入。为了维持支出，利奥十世在欧洲各地大力推销赎罪券。

个体利益和群体利益之间出现了巨大的矛盾，教皇为了获得个体利益，贱卖赎罪券，从民间搜刮了大量的财富，导致个体思维故事和群体思维故事之间的矛盾激化。马丁 · 路德（Martin Luther）是欧洲宗教改革运动发起人、新教的创立者。他对利奥十世利用宗教牟利非常不满，觉得教皇和枢机主教这些神职人员的存在并不合理。

马丁 · 路德质疑为什么要在上帝和个体之间设立教皇，他认为个体应该直接跟上帝沟通，每个个体都可以。他还认为传教士只是为信徒做解释和补充，就像有经验的先行者为后来者提供分享那样，但不存在必须性。他称教皇为“敌基督”。根据《圣经》的记载，敌基督是邪恶的化身，顺从魔鬼撒旦的指令，看上去却像救世主，聪敏智慧，魅力四射。可见在他的思维故事里，教皇已成为罪恶之首。

这是新教和天主教的最大差别，对信徒的群体思维故事做了根本的改变。新教认为《圣经》里没说要有“代言人”来代表神处理跟世人之间的关系，教皇也好，枢机主教也罢，都不是必须者，而只是辅助者。

中世纪绝大多数的欧洲人都自称为基督教徒，都自称相信耶稣，但是因为秉持不同的思维故事，产生了不可调和的矛盾。新教和天主教在当时斗争了很久，在世界史上被称为“三十年战争”（1618—1648 年），这是第一次世界大战之前规模最大的全欧战争，对后来欧洲政治格局的形成产生了决定性的作用。

当时的欧洲各国出于不同的利益，分别支持新教和天主教。一些国家加入新教运动（Reformation），正式宣布不再是天主教国家，驱赶了很多天主教徒。而天主教又兴起了反新教运动（Counter Reformation），视新教徒为异教徒，杀害了很多新教徒。“三十年战争”的主战场在现在的德国境内，导致德意志地区人口锐减，战前超过 1600 万的人口在战后锐减至 1000 万，而全欧洲在这场战争中的死亡人数高达 800 万。

从天主教和新教的演变过程中，可以清晰地发现，群体思维故事往往难以长期形成统一，根本原因在于双重性矛盾的存在。群体思维故事的建立是为了服务于群体的稳定运行，然后在个体与群体、少数群体与其他群体之间不断寻找平衡点。群体思维故事到了每个个体的大脑里，个体也会根据自己对客观的反应和分析，形成自己的个体思维故事，出现差异，甚至变成冲突。当思维故事之间产生巨大差异，发展到最后往往以武力解决，要么是一方把另外一方消灭了，要么双方最后筋疲力尽，无法继续厮杀。

第 1 部分

领袖面临
内外成长的挑战

第 1 节　从宗教到科学的演变

基督教在公元一世纪创立于巴勒斯坦，313 年成为罗马帝国的国教。罗马帝国分裂后，基督教也于 1054 年分裂为东正教和天主教。1517 年，罗马天主教内部又发生了第二次分裂，从而形成了天主教、东正教、新教三教鼎立的局面。

同属一个宗教范畴，信仰同一位上帝，起源于同一个群体思维故事，但受到个体自己的思维故事影响，也受到个体所在群体的思维故事影响，衍变出不同的思维故事，最后都坚信自己所信仰的才是真理，试图以各种方式包括武力来解决，导致分久必合，合久必分。

对宗教来说，信仰难以从客观层面求证，例如神的存在、天堂的存在等。类似的群体思维故事需要凭着主观想法支撑下去。

宗教信仰和科学理论之间的冲突点可追溯到波兰天文学家尼古拉 · 哥白尼（Nikolaj Kopernik）和他所提出的“日心说”。这可谓是人类历史上重要的转折点之一。

在“日心说”被提出之前，西方社会广泛流行的是“地心说”。简而言之，“地心说”的观点是：地球位于宇宙的中心且静止不动，其他星球都绕着地球运转，最早由古希腊的学者欧多克斯（Eudoxus）提出，后经亚里士多德、托勒密（Ptolemaeus）等人的完善而最终成型。

在长达一千多年间，这一学说一直占据着统治地位，且被当时的基督教所接受并广泛传播。为什么？因为其核心观点“地球是宇宙的中心”恰好与《圣经》中所描述的“上帝创造人类，也为人类创造一切，因此人类和地球应是宇宙中心”的思维故事相互吻合。由此，“地心说”也就被奉为和《圣经》一样神圣，反对“地心说”相当于违反了基督教的教义。

直到16世纪初，尼古拉·哥白尼提出了“日心说”，其观点是：地球是运动的球体，每24小时自转一周。太阳是中心，地球围绕太阳运转。很显然，这一理论和“地心说”是截然不同的。

“日心说”的崛起意味着新时代的开始，可以看作是人类从传统教育体系（唯心主义）开始跨入科学教育体系（唯物主义）的重要转折点。在此之后，越来越多的个体开始用科学的方式方法来观察世界和求证真理，不断发掘出可以被复制和验证的理论及观点，大胆假设，不断论证。人类仍然用主观世界去解释客观环境，但主观理论必须从客观角度经得起验证。对人类而言，科学是从主观角度用客观数据和实践方法去求证客观世界的一个个思维故事。

进入18世纪，尤其是第一次工业革命之后，西方国家开始对教育体系进行大刀阔斧的改革。学校的主要职能也从培养神职人员转为培养各类专业人才。因为此时人类更深刻地认识到，只有学习更多科学的、可复制、可验证的知识和技能，才能有机会真正改变世界。人类获得了非常实用的方式方法，根据客观数据和实践方法进行复制，试图在客观世界里找到与主观假设相符合的平衡点。

科学是现阶段最好的假设。相对未来而言，现有的数据永远不完整，或者受制于当下的技术而并不准确，未来只要有否定的证据出现，那旧有的理论就可以被修正或颠覆。

例如在物理学界，以牛顿为首的科学家建立的经典物理理论对宏观世界的解释和描述，被广泛应用于力学、机械、电气、能源、化工等领域。后来科学家发现在微观世界尤其是高速状态下，经典物理理论有无法解释或者出现错误的地方，量子物理理论之后崛起。物理学家仍在继续激烈争论，试图找到能够统一这两个理论的假设。科学在不断地假设、证伪、再假设、再证伪的循环中前进。

和宗教一样，科学也会产生不同的派系。就算面对同一个问题，拥有同一组数据，根据假设的不同，得出的结论也可能会大相径庭。

从 1930 至 1960 年间，美国国内谋杀案的数字持续下降，其他西方国家也大抵如此。但是从 1960 年至 1980 年间，该数字增长了好几倍。当时很多美国民众对此表示担心，觉得美国越来越不安全了。

令人奇怪的是，到了 1992 年，数字又开始下跌，一直跌到 2010 年的低点。面对这样的数字和趋势，许多科学家、经济学家、社会学家都提出了不同的假设予以解释。

有一个假设来自经济学家约翰　多纳休（John Donohue）和史蒂文·利维特（Steven Levitt）。他们认为：最高法院在 1973 年对“罗诉韦德案”（Roe vs. Wade）做出了判决，主要影响就是堕胎合法化。那些不想要孩子或者没准备好养孩子的父母，在判决颁布之前不得不把怀上的孩子生下来，在此之后则可以选择堕胎。而那些父母没做好准备就生下来的孩子在长大进入青春期后，其犯罪率会比较高；堕胎合法后，这样的孩子大幅度减少，谋杀案数量就得以下降。

又有一个假设是：美国政府出台了很多强硬的政策法规，导致犯罪入狱的人数增加了很多，例如从 1970 年开始，入狱服刑的人数翻了五倍，到现在大概有 200 万美国人在牢狱里。更多的犯罪分子被关押起来后，就会导致谋杀案数量下降。

也有一个假设是：美国警察在办案时开始遵循“破窗原则”（Broken Window）——小问题不解决掉，很容易扩大造成大问题；小问题都被解决了，大问题就能更好地避免。例如在环境保持洁净的住宅区，设施没有遭到破坏，地上也没垃圾，一般来说，来来往往的人都不大会把东西弄坏，或者随意丢垃圾。但如果在其他住宅区，当你看到地上有脏东西，设施破旧，就不会觉得随手丢垃圾或者弄坏设施是什么不得了的事情。

还有一个假设是：非洲裔群体的犯罪率比较高，后来该群体针对犯罪的个体做出了更好的管制措施。例如，当他们了解到帮派间产生了恩怨，可能会导致暴力冲突或犯罪，牧师就会主动联合帮派成员的祖母或者妈妈，把帮派成员拉去教堂，让他们承诺用非暴力的方式来解决问题。

以上的案例体现出，面对同一组数据，研究者运用不同的假设来解释，而且各有其道理，这样的案例在各个科学领域内都有发现。相比之前单纯靠信仰的思维故事而言，科学建立于实验结果，但无论是从多么权威的机构和研究者得出的科学，也终究是假设，随时会经受质疑，随时可能被改变。

第2节　科学与美德

工业革命是人类教育史上重要的分水岭。在此之前，除了追求信仰以外，东西方的教育家，无论是孔子、孟子，还是苏格拉底、柏拉图，致力追求的都是如何提升自己的内在，简单来说就是修身。

在过去，外部世界太难控制，大自然的洪水、地震、瘟疫随时都有可能让个体倾家荡产，甚至性命不保。人类的繁衍本身也非常危险，在古代，人均寿命只有三四十岁，在医学尤其妇幼保健方面落后，婴幼儿的死亡率高，许多女性在分娩的过程中死去。

面对难以控制的外部世界，只有把内在打造得更强大，使自己更具有勇气、智慧和毅力，才能应对各种挑战。

工业革命之后，科学技术成为第一生产力。人类逐渐发现，运用科学可以极大程度地改变外部世界，改善人类的生活，于是科学知识开始得以普及。现代社会的教育体系是工业革命之后构建和发展的，主要目的就是输出工业时代所需要的知识。

然而，这一教育体系运行了两百多年后，问题也逐渐显现出来，那就是过于依赖科学而忽略了修身。现在就算是世界一流的高等学府如哈佛大学、斯坦福大学、北京大学、清华大学等，都没有系统性地教导个体如何修身。

修身的不足使得现代人的心理问题日益凸显。人类已经全面进入物质丰富时代，但焦虑和抑郁并没有得到改善，反而愈加严重。很多个体的内心非常脆弱，往往很小的事情就会令自己内心崩溃。

问题的大小并不由客观事实决定，而是受每个个体主观的思维故事所决定。选择坚强还是脆弱？最终还是取决于个体的内心到底够不够强大。强大的内心是打造出来的，体现出修身的重要意义。

如何才能解决呢？结合传统和现代教育，不仅仅只学习科学知识，还要注重修身。

近二三十年来，越来越多的科学家也开始认识到这一点。他们发现，通过科学的方式方法可以更好地修身，更好地打造人类的内在，从而让自我变得更加强大。

例如，心理学家罗伊·鲍迈斯特（Roy Baumeister）多年研究意志力以及如何掌握它。他在实验中发现，意志力就像肌肉一样运作，可以通过锻炼得到加强，也可以因过度使用而令人疲劳。

罗伊·鲍迈斯特曾经做过一个实验：首先，把饥肠辘辘的学生分成三批，第一批被允许可以吃掉面前的食物；第二批能看到食物，但被告知要有自控力，不能吃；第三批就是饿着肚子，而且什么食物都看不到。接着，让这三批学生去做一些找不出答案的难题。然后发现，第一批和第三批学生平均大约 20 分钟之后放弃了做题，而第二批学生在 8 分钟后就放弃了。

罗伊·鲍迈斯特由此提出假设：意志力是由葡萄糖驱动的，抵制一个诱惑之后，意志力往往容易在抵制下一个诱惑时下降，然而它可以通过补充大脑储存的能量来得到增强，这也解释了为什么吃饭和睡觉会对自控力产生巨大的影响。他还通过研究发现，人类通常每天要花四个小时抵御诱惑，完全可以采用各式各样的科学方式去提升自己的“毅力肌肉”。

在将来，人类遇到的挑战会越来越大，需要越来越多的个体融合科学和修身，兼顾外在和内在的成长。在这些个体中不断培养作为合格领袖所需具备的品质，不断让他们的思维故事更为完善。

领袖的品质并非与生俱来，可以通过修身获得。然而，在现实中面临三个困难：第一，没有合适培养领袖的学府；第二，只注重外在成长的现代社会并不为领袖设置修炼美德的场所，反而有渐行渐远之势；第三，领袖筛选制度制约了合格领袖的选拔。

纵观历史长河，不乏担任领袖的个体，但他们的出现存在偶然性，既拥有美德又获得机遇的领袖比例极少，反而出现了不少所谓的暴君、昏君，给群体造成了很多损害。现代社会提倡每个个体自主决定的思维故事，也削弱了个体对领袖的信任。

人类想要迎接未来时代带来的各式各样的挑战，必须积极主动地培养大批领袖，培养他们具有美德，同时具有在任何领袖筛选制度中脱颖而出的能力，从而更好地扮演好领袖的角色，融合各种不同的思维故事，带领群体一起向前走。

第 2 部分

培养
合格领袖

第 1 节　三个基本角度

培养合格领袖必须结合传统和现代教育，将修身和科学融合起来。以人体结构来比喻的话，修身就像是身体的骨架，而科学就是外部包裹着的肌肉；通过多番锤炼，才能使得身体无论内在还是外在都日益强壮，才有机会在快速变化的时代中，成为人类进步所需要的合格领袖。

美德的培养脱离不了三个角度，即生理、情绪和思维故事。

首先，生理为什么重要？因为人类不能脱离身体而存在，身体又在客观上影响着情绪和思维。由生理学入手来认识身体内部的物理构造，例如大脑结构、肢体语言、面部表情、呼吸和五感等，是极其重要的。

其次，情绪管理。情绪可以理解为既是信号，也是工具。

为什么说情绪是信号？因为当情绪产生的时候，会直接反映在身体上。比如生气时常常会心跳加速，血气上涌，这时很多人会感到头脑发胀或者胸口很闷，这就是情绪通过身体发出的信号。抓住信号能察觉情绪的存在，只有察觉到情绪所发出的信号，才能知道自己已经陷入了启发模式，才能意识到背后有思维故事的存在。

为什么说情绪是工具？因为情绪会促使人体分泌各种激素，提升身体机能，推动个体更好地完成动作或反应，在关键时刻还能提高个体的生存概率。因此，情绪可以被当作“动力驱动器”，推动个体更好地执行思维故事，做自己真正想做的事情。了解情绪产生的原理，知道如何跳出情绪和应用情绪，是至关重要的。

最后，为什么要完善思维故事？因为情绪背后关联的是一套启发模式，而后天的启发模式是通过一个个思维故事建立起来的。人们要认识和改写这些思维故事。与此同时，每个个体都有各自的思维故事，在同一群体中，个体思维故事会有很大的相似性，但并非固定不变，会发生各式各样的演变。

作为领袖，针对变化，不断寻找双重性矛盾的平衡点，需要不断地完善自己的思维故事，同时还要帮助他人完善他们的思维故事。在完善过程中更好地影响其他个体及群体，产生向心力和协同力，推动群体更好地成长。

真正掌握生理、情绪和思维故事这三方面的知识和能力，不但可以用于打造合格领袖，让他们有机会带领群体获得提升及成长；个体也可以通过学习，在群体和世界里获得更大概率的成功。

第 2 节　兼顾两种成功

真正的成功绝不仅仅只有外在成功，还有内在成功，内核在于我有什么可以提供给他人，以及我能为他人创造什么样的价值。

内在成功极其重要。因为说到底，外在成功由他人控制，选择权在他人那里，一旦社会和他人否定你的时候，你就无法获得外在成功。而内在成功则由自己掌控，你可以选择提供什么价值给他人，提供多大的价值给他人，以及用什么方法把价值传递给他人。

内在成功和人生意义是挂钩的，当你思考和定义自己内在成功的思维故事的时候，其实也在确定“自己想成为什么样的人”，思考自己应该拥有怎样的个性、品质和美德。

内在成功对领袖尤为重要。因为其人生意义必然会牵涉到怎么帮助其他个体，怎么影响其他个体，以及如何带领群体去应对快速变化的世界。很显然，不是每个个体都天生具有这样的人生意义，但如果想成为领袖，却是必须考虑和具备的。你必须做选择——是否愿意一辈子为之而奋斗。

合格领袖的培养专注于上述三个角度和两种成功。一方面，通过科学的方式，不断深入学习生理、情绪和思维故事的基本知识，进行自我完善；另一方面，对两种成功进行自我确认、规划和打造，通过终身的学习、锤炼，再加上新型修身教育中心的辅助。

第3节　创新教育方式

世界上没有统一的领袖筛选标准和模式。不同群体遵循着各自不同的规则和方式。领袖的培养除了让候选者具备美德之外，还需要思考如何让他们更大程度地符合外界所认同的标准，培养他们在任何领袖筛选过程中都能具备最大的成功概率。

在诸多的领袖筛选标准中，外在成功是必不可少的条件，简单来说就是外界给予的认可和收获，例如物质上的财富、精神上的尊重、受肯定的权威和地位，等等。

在现代教育体系中，并没有专门用于培养领袖的修身教育机构。想要拥有更多合格领袖，那就必须设立具有针对性的新型修身教育中心，辅助现代教育机构，培养学生具备领袖的基本技能和内在美德，也使这些技能和美德能帮助外在成功，使越来越多的个体可以符合领袖外在和内在的标准。

现有的学府主要教授外在的科学知识，例如语数外、物理化学、地理生物等方面的课程，道德品德课也只是讲述当前社会的群体思维故事，希望学生能够接受并形成自己相应的个体思维故事。

教育者意识到外在科学知识的重要性，学生必须要有科学知识的辅助，才能适应科技快速发展的当今社会，即使在毕业以后，也需要终身学习才能跟得上科技的更新。教育者也意识到，学校有义务引导和巩固学生的内在成长，但往往是在无意中做到的，学生在内在成长方面其实正不知不觉地训练着自己。例如在学习过程中锻炼自己的耐力和不放弃的精神，就算遇到不喜欢的课程也能咬牙挺过，在失败后不断尝试，继续向前努力等。

但这些内在的成长缺乏有意识的设置、巩固、发展和考核。新型修身教育中心的最大价值及特色，就是针对内在成长，看上去像是在培养外在技能，但主要目的是为了教授和巩固内在技能。

外在技能对许多家长来说最为重要，让孩子到学校学习是为了日后可以获得更大的外在成功。新型修身教育中心作为现有的学习体系及学校机构的有效辅助和正向补充，目的是培养孩子的内在技能，并最终使得其外在和内在技能达到高度的一致性。如果把内外结合做得好，这样的人才在各个群体中成功的概率都大，成为领袖的可能性也升高了，这就是建立新型修身教育中心的初心。

新型修身教育中心应该如何具体培养出合格的候选者，让他们不断打造合格领袖所应具备的美德？除了把科学研究带到课程中，不断引进社会案例，也要把教学场景放在社会中，让学生与现实社会的群体深入接触，找到理论和实践的最好结合。应注重以下六个方面。

第一方面是健康。

人类拥有客观存在的身体和自我的主观世界。主观世界通过身体的五官来抓取信息，身体也是主观世界的储藏器和处理器，极大地影响着主观世界。

健康可以细分成几个板块。第一板块是饮食。很多孩子从小并不注意饮食，父母也比较忽略，而商家为了卖出更多的产品，会给孩子灌输很多关于吃的思维故事，例如“口感好就是好”。孩子从小应该建立和丰富对食物的正确认知，例如不管是人造的还是天然的，一切食物最终会在身体里转化成能量，有益或有害的成分将如何影响健康。孩子还需要认识到，自己关于饮食的思维故事是可以改写的。

第二板块是运动健身。体育运动除了能强身健体，还能教育和培养协作精神、领袖精神。例如在队里踢球，队员之间需要协作，队长需要承担策划、指挥和带头等责任。绝大多数时候，孩子对运动的热衷和投入是出于兴趣，可以在此基础上予以安排和提炼，让他掌握如何更好地认识自己，如何更好地跟他人配合，以及如何扮演领袖的角色。例如中国武术被古人视为修身的方式之一，武术不仅仅用于强身健体，锻炼攻防反应，还用于修炼自己的内在。

第三板块是内观。孩子应该从小就学习察觉身体的各种触觉，认识身体的各种反应。现代人已经习惯了当身体有所反应时便采用药物强压，而练习内观则可以让自己感应到身体的各种反应。

第四板块是从小就为处在生老病死状态的相关人士提供服务。这听上去奇怪，却有着现实意义。当今社会很流行的思维故事是活着就应享受，永久保持年轻，但事实并不是这样，领袖必须提前筹划未来，意识到生命只在当下。当个体真切感受到人生是有限的，会认真考虑自己要怎么活，有了紧迫感，才会抓紧每一天，利用好每一天。要让孩子了解人的生老病死，了解客观事实，制造内在动力，针对有限时间来进行规划和调整。

第二方面是情绪。

要培育孩子从小就具备好奇心，去细致地观察他人，更好地认识自己与其他个体的思维故事，这样才能有机会着手改写自己的思维故事，培养同理心和慈悲心。

孩子可以通过观察自己和他人的情绪，写下情绪日记，开始勾起自己的好奇心，掌握如何去理解他人。人类 65% 以上的沟通都是通过非语言的方式，但绝大多数人只能从中接收到不足 20% 的讯息，往往更多沉浸在自己的主观世界里，而不去观察他人。

绝大多数人把情绪分为好情绪和坏情绪，追逐好情绪，逃避坏情绪。事实上，情绪不分好坏，都可以帮助自己成长。成功者都知道最大的成长来自失败、跌倒或者不如人意的时候，从情绪的角度来看，大多都是痛的感受。但如果正确运用起来，能帮助我们做到我们想做的事情，获得真正的成长。

绝大多数人都知道舒适区会制约自己的成长，也想走出舒适区，但又很难真正做到。跨出舒适区必须懂得如何利用情绪，认识到跨出舒适区之后带来的正面情绪以及不跨出舒适区所带来的负面情绪。作为领袖，你做的一些事情会在短时间内不被他人所接受，甚至外界反应和你所预想是截然相反的，此时前进的动力只能来自自己，而情绪则是内在驱动力，更好地认识、管理和应用自己的情绪至关重要。

第三方面是思维。

培育孩子从小认识到其他个体有各自不同的思维故事，学习用多元化的方式去整合思维故事，协同其他个体一起做事。绝大多数人跟别人的合作沟通方式是“是的，但是”，注重纠正对方，来证明自己思维故事的正确性。每个个体都有自己的思维故事，都认为自己的思维故事是对的，在不否定他人的基础上，培养孩子学习找到更好的解决办法，进而影响和融合对方的思维故事。

新型修身教育中心提供平台，让孩子们构建大头脑，不断合作和碰撞，尝试一起解决现实生活中的问题，例如销售一起做的产品，一起说服机构或企业提供赞助，等等。在这些过程中会产生现实问题，通过大头脑，聚集拥有不同思维故事的他人，每个学生都有机会扮演领袖角色来组合解决办法，不断在失败中调整战略和前进。

同时，孩子需要锻炼勇气，把自己脆弱的一面展示出来，当能做到愿意展示脆弱的时候，也代表正在缺乏的方面进行修行，下苦功夫，在试图改变和完善。绝大多数人对待脆弱的态度是层层加以保护，而直面脆弱是真正具有勇气的表现。

第四方面是人生规划。

让孩子从小有机会接触到各种职业角色，学习到工作上的各种知识，从中挖掘出自己为什么喜欢某个职业，找到自己的人生意义。

很多家长对人生规划的想法属于传统的思维故事：孩子好好学习，

考进好的学校，学习好的专业，例如医学、法律、金融等，再进入好的企业工作，按照规划稳稳地走好人生每一步。但时代的快速变化使得行业和企业的崛起及消失都在加速。麦肯锡2016年公布的研究发现，1958年标准普尔500指数上市公司的“平均年龄”为61岁，到了2016年降到了不足18岁。麦肯锡认为，到2027年，目前标准普尔500指数中75%的公司将消失。

即使孩子的学习在学校里都被安排好了，但进入社会和职场后，人生还是得靠自己规划。越早知道不同行业和职业的意义所在，越早发现自己的热爱，就越能准确找到自己的人生意义。

在现有教育体系中学到的和在实际工作中做的并没有直接关联，不管学什么专业，与社会接轨的方式只有实习。新型修身教育中心把社会的真实工作与学习进行交叉融合，把孩子带入职业环境中，或者把职业环境复制到修身教育中心里。在此过程中，教导孩子不仅仅掌握工作上需要哪些知识，更要明白工作所带来的影响和意义是什么。

越接触不同的领域和行业，越可以帮助孩子认识到：行业起起落落的背后代表着生产力、生产方式、科技、需求等方面发生了变化，要努力塑造和锻炼自己对未来的判断能力。当从事不同实习工作的时候，身体感受会告诉孩子这是不是自己的热爱，从而展开更完善的人生规划。

第五方面是人际关系。

每个个体的成长都是一个走向社会的过程，也是建立深刻关系的过程。人在小时候受父母影响特别大，但在现代社会，尤其是长大之后，一般就不和父母住在一起，甚至跟父母不在同一个城市或国家。进入学校或工作阶段之后，主要交际圈就变成了同学、同事和社会上的朋友。这时，影响我们的人便不再是血缘亲属，而是朋友了。

朋友将在人生中扮演越来越重要的角色，我们要在其中寻找同伴（即志同道合的伙伴）和建立能够帮助自己成长的同伴团体。好的同伴可以作为自己的榜样，能产生良性竞争，帮助我们快速成长，形成“同伴效应”。

绝大多数人根据邻近度、归属感、舒适度选择了身边的朋友，这是被动的。新型修身教育中心教导孩子：从小主动建立关系，认识到人际关系的重要性。同伴是完全可以自主选择的，找到优秀的同伴在于学习如何从被动等待转为主动出击。

新型修身教育中心让学生不断练习沟通，挖掘社会力量，和想要认识的个体建立深刻关系，为他人提供价值。当孩子跑到成功人士面前说“我要帮你忙，我也想向你学习”时，绝大多数情况下对方会愿意接受。在不断给予的过程中，加深关系和促进学习。

孩子在一开始可能害羞和胆怯，觉得自己不能为对方提供什么价值。但其实绝大多数成功者都想知道年轻一代是怎么想的，这对他们很有参考价值。当孩子认识到他人的需求时，也能更好地认识到自己的价值所在，认识到怎么不断为他人提供价值。

第六方面是财富。

衡量外在成长的重要标准是财富。每个人都需要有两份工作，一份是为热爱而工作，另一份是让钱为自己工作。当懂得如何让钱为自己工作之后，就不需要再为生活和金钱苦恼，可以把心血倾注在热爱上，专心致志为热爱付出。

通过投资获得财富的途径可以分成一级和二级市场，前者有风险投资、私募基金等，后者有股票、债券、期货等。这里有外在的知识和技术，例如如何炒股、买卖债券、交易期货、投资企业。而在内在技能方面，优秀的投资者会不断认识自己的情绪和思维，在别人疯狂的时候冷静，在别人害怕的时候积极。

优秀的投资者都清楚，不管做了多少调查研究，不管跟多少专家深谈问询，当投资投下去，之后是涨是跌，没有办法准确预测。所以他们会尽力做好风险把控，尽量扩大赢的概率，把输的成本降到最低，在每一次失败中学习和成长。领袖在未来肯定会碰到从来没有遇到的问题和挑战，不可能不犯错，要在解决问题的过程中，降低风险，不断学习，提高成功率。

说起来容易，做起来难，孩子必须更好地认识到自己和他人的思维故事，才能不断做出理智的选择。面对抱有看似很疯狂想法的创业者时，在筛选优秀企业家时，其实也是孩子在锻炼如何衡量和筛选他人的能力。唯有不断寻找、聆听、观察和辨别，才能在众多机会与风险中找到财富回报。

在所有的学习过程中，新型修身教育中心更侧重于检验学生在内在成长方面的进步。检验标准在于学生在自身基础上是否获得明显的进步。任何个体只要在上述六个方面取得进步，都会对其在任何社会和环境中影响自己以及他人有所裨益。在学习过程中，有些人会中途退出，但体验对他们而言仍是弥足珍贵的。走得越远的个体，越有机会成为合格领袖。

在新型修身教育中心投入到六个方面的学习和锻炼中，学生同时提高其内在和外在成功的概率：一方面，拥有健康的体魄、沉稳的情绪，知道自己要什么，懂得如何领导他人，打造了良好的人脉，学会怎么驾驭财富，这些都是外在世界所看重的，也是获得外在成功所需要的；另一方面，学生也深入结合了合格领袖所必备的美德，包括勇气、坚韧、给予、慈悲心、耐心、好奇心等。新型修身教育中心不断通过研习案例和实践练习，来帮助学生巩固这些内在技能。

经过如此培养的学生适合于不同历史和文化背景的群体，也适合于不同政治和经济体系，不管在什么地方、行业和位置都有最大机会成为领袖，同时拥有志同道合的同伴，领导不同群体一起往前走。

作为个体，一旦具备了上述特点，即使不能成为领袖，在任何群体里也都能获得最大的成功概率。如果成为领袖，就能更好地去影响所在的群体和对应的制度，让制度有所改变，更接近能平衡双重性矛盾。

未来不可知，人类会面对从未遭遇过的、从未预想到的挑战和困境。对领袖而言，面对、拥抱、接受和管理新的挑战，必然要有自己新的想法和决定。行事判断不仅以正确和错误、好和不好为标准，而是在实践中不断尝试，在失败中不断调整，以得到更适合当下及未来的答案。

合格领袖引领所在的群体往前走，群体获得成功的概率将提高。当有一批合格领袖产生时，其所在的群体都能更好地面对挑战。

新型修身教育中心并不扮演传统的角色，把所谓的标准答案告诉学生，例如哪个制度是好的，哪个思维故事是对的，而是输出基础理论，让学生不断地认识和完善自己的思维故事，同时更好地融合他人的思维故事，有能力可以在任何制度中都有最大机会扮演领袖角色，带着勇气、毅力、慈悲心和慷慨之情，更好地为自己、他人和群体而奋斗。

结语

个体与群体利益最大化之间的矛盾、个体与群体思维故事之间的矛盾，让双重性矛盾始终贯彻于人类的社会关系中。合格领袖能统筹群体的思维故事，在弥合个体与群体之间的矛盾，寻找双重性矛盾的平衡点，发挥出群体最大效益的同时，也促使每个个体获得全方位的成长。

面对日新月异的科技飞跃，双重性矛盾随之演变，人类不得不重新审视自身与群体之间的关系。我是谁？我们是谁？我们平等吗？

人类需要具备优秀品德的领袖，带领群体跨越隔阂，克服困境。让更多个体意识到合格领袖的重要性，意识到修身的重要性，在全球建立起成体系的新型修身教育机构，培养具备领袖潜质，在生理、情绪与思维故事等层面上都能完善的个体。

相信这样的个体能够带领不同的群体前进，为人类创造希望中的未来。领袖的个体思维故事附加于群体，会通过群体思维故事影响群体中的每个个体。人类需要抓住有限的机遇，在矛盾与变革中成长和前进。

后 记

每个个体都具有思维故事。为了让大脑省时节能，人类绝大部分时间都在调用思维故事，并且深信自己的思维故事是正确的，激发情绪，快速执行。人因客观需求与其他个体分工合作，众多个体聚集形成了群体。群体在形成的过程中，也具有了群体思维故事。群体思维故事既推动了群体的发展与变化，也影响着群体内的个体成员，使其行为深受外界影响。我们绝大多数的决定看似独立，实则被动、从众、情绪化。

本书帮助读者认识个体利益最大化和群体利益最大化之间的矛盾，以及个体思维故事和群体思维故事之间的矛盾，更重要的是通过了解以下内容，践行独立思考，实现真正自由：个体思维故事是怎么形成的，群体思维故事又是如何形成的；然后个体思维故事怎么影响群体思维故事，而群体思维故事又是如何影响个体思维故事；个体思维故事和群体思维故事的产生和演变是怎样根据客观条件和生产力的改变而改变；双重性矛盾又怎样存在于所有群体之中，怎样深刻地影响着个体和群体……

2020年新冠病毒爆发并在全球大流行，几乎所有国家和地区都受到了影响。截至2020年底，在我居住的美国，该病导致的死亡人数已经超过34万。据专家预测，在疫苗于2021年普及使用之前，这个数字在美国还会不断上升。

新冠病毒传播力强，在疫情面前，人类不分国家、民族、种族、男女、老少等类别，没有个体可以置身事外，迫切需要全人类齐心协力去解决这场重大危机。在关键的时刻，反而暴露出很多的分裂，包括不同群体之间的利益分裂、不同群体之间的思维故事分裂，甚至在同一个群体当中的不同群体也产生了分裂。合格领袖的重要性和迫切性也因而突出。

疫苗启用和生效之前最有效的抗疫方法就是隔离，于是世界上很多国家在疫情时期对入境人士设置了重重的检测和限制，甚至关闭国界，拒绝其他国家或地区的人进入。不少国家对全球化也开始有所质疑和反思，开始研究在自己国家建立或重塑完整产业链的重要性，引发了把行业、生产线带回本土的争论。

在新冠疫情发生之前，我出差频繁，每年大半时间都是在世界各个地方学习、工作和游历，因为疫情，使得我自大学之后第一次有这么多时间待在同一个地方，给了自己很多独处的时间。我认识到，自己可以好好利用这段珍贵的时间独立思考，仔细整合这些年去过那么多国家和地区的宝贵经历，同时对这些不同国家、不同地区、不同个体及群体的观察思考进行整合和研究，更好地认识到他们背后更深层次的思维故事。另一方面，也让我更好地考虑自己的个体思维故事，思考和回答“我是谁”和“我们是谁”。

我特别喜欢和读者互动，通过了解读者的问题，我学到了很多。我希望有机会通过小助理（具体联系方式见后文“感谢”）和广大读者建立长期的、互动的关系。同样，你也可以通过本书和其他个体及群体建立良好的互动关系，给予对方价值。如果你觉得本书对自己有帮助，那么它对他人来说可能也有帮助。

请你想一想，可以把本书推荐给身边哪三个人。不论是身边的伴侣、亲密的朋友，还是公司的同事或者创业伙伴，只要你觉得本书会对他们的成长有帮助，现在就可以给对方发一条信息，或者留言一段话。

当你在完善自己个体思维故事的同时，也有机会了解他人的个体乃至群体思维故事，践行独立思考和终身学习理念的你一定会与相似的个体和群体有所共鸣，成为更好的同伴团体，从合格领袖的角度审视自己，更好地帮助自己和他人成长。

国家、民族、党派、企业、男女、老少、统治者、老百姓、价值观、社会制度、人生意义，以上种种看似复杂多样，但当你洞悉其背后都存在着更深层次的双重性矛盾，当你认识到影响思维故事形成和运行的种种关键，你就会了解和认可：必须面对双重性矛盾，才能制定更完善的社会制度，才能成为合格领袖带领群体往前走。

人类作为群体，需要更多的合格领袖。在成为或靠近领袖的过程中，我们都有机会独立思考，帮助自己成为更完善的个体，帮助人类成为更完善的群体。

感谢

2017 年 5 月，《征途美国：站在金字塔尖看美国》一书在四年策划和一年撰写后出版问世。随着该书增订版即将推出，尤其在中美“竞合关系”不断演变的过程中，我又有机会与新老读者朋友分享自己的观察和看法。书中，以我在美国名校、世界名企、白宫以及在华尔街投资、硅谷创业的亲身经历为背景，站在新时代的角度对许多重要话题加以深刻思考和探讨，包括：中美关系往何处去，“竞合战略”意味着什么？美国政治生态系统如何环环相扣，政界领袖思维有何特别之处？多元社会里谁主沉浮，种族、家族和个人怎样把握各自命运？为什么说“创新与选择”才是美国教育的精华所在？常春藤名校到底想打造什么样的人才，哪些资源被 90% 的中国留学生所忽视？美国名企的核心竞争力在哪里，如何跻身其中并脱颖而出？美国华人实现崛起应该把握哪些时机和要素？中国人如何高明地投资，如何智慧地全球配置、逐鹿美国？……

2018 年 5 月，我的第二本书《终身学习：哈佛毕业后的六堂课》与读者朋友见面。在健康、情感、思维、关系、职业、财富这六个方面，有很多问题在斯坦福和哈佛都没有相应的课程和老师进行解答，我自己规划了一门“人生 MBA”，成为这本书的内容基础及策划缘起。在 2013 年，我休息了整整 1 年，花费了 50 万美元，走了 10 万里路，找到了 20 多位世界级大师和专家，探讨如何在生活和工作中，不断地、全方面地在这六个方面成长和进步。我把这些方式方法坚持应用在繁忙的每一天，直至今日还在继续实践，实现了蜕变性的改变。

2019 年 9 月，我推出了第三本书《思维故事：掌控人生剧本》，在书中首次提出了“思维故事”的概念。每个人的观点、想法、习惯和行动背后，都关联着属于自己的思维故事，它影响着我们怎么看待自己、他人以及世界。不同的人有不同的思维故事，于是造就了各自不同的人生。了解个中原理之后，每一个人都可以通过科学的方式，运用书中讲述的系统性练习，在父母、情绪、幸福、成功、多元、同伴六个方面，改写和完善自身的“思维故事”，打破困惑自己已久的坏唱片，从而打造理想中的自己，成就精彩人生。

在前述基础上，我还陆续推出了终身学习 · 超越成长营、思维改写课及 21 天大脑训练营等线上线下的课程与培训，帮助上千万人解决自我认识与超越的问题，其中包括原生家庭对个人成长及性格的影响、生理与情绪的关系及应用、思维改写及自我完整等方面。

2021 年，本书也就是我的第四本书终于问世了。在不断认识和完善自己的个体思维故事过程中，我希望通过本书帮助读者把认知和进步提升到群体层面，包括：认识个体利益最大化和群体利益最大化之间的矛盾，以及个体思维故事和群体思维故事之间的矛盾，更重要的是了解双重性矛盾怎样存在于所有群体之中，怎样深刻地影响着个体和群体。拥有改造自己和世界的强大能力的人类，也应该善于改造个体和群体之间的关系，以及个体和群体之间的思维故事，以求在双重性矛盾中寻找平衡点。在变化剧烈的当下，人类比以往更需要具备优秀品德的领袖，从而带领群体跨越隔阂，克服困境，进而推动整个人类群体前行。

得益于这几本书的出版，在近些年里，我走访了国内 40 多个城市，做了数百场演讲，也有幸接触到了上千万读者，得到了他们大量的反馈。在过程中，我真切地感受到，很多人对于自我提升、思维突破、情绪改善、关系调整、群体发展有着非常强烈的需求。我更深刻地体会到，人与人之间、群体与群体之间最大的差异在于各自拥有不同的思维故事。

如果说，《征途美国：站在金字塔尖看美国》是对国际化精英的案例、特质的深入分析和对比研究，《终身学习：哈佛毕业后的六堂课》是对终身学习及全面成长的起始记录和整合总结，《思维故事：掌控人生剧本》是对每个个体的思维故事如何产生及应用的发掘和探索，那你现在翻阅的本书就是把这些认知、学习和实践上升到群体层面的结晶，也是探讨如何筛选、培养和成就合格领袖的思考。

本书的诞生过程就是一个思维故事的形成、变化和完善的过程，它也是我花费最多时间和心血才写成的一本书，尤其在历经新冠疫情的 2020 年里，漫长的过程令我感慨万分，不易的结果凝结着每一位参与伙伴的汗水和努力，也得益于身边朋友的大力帮忙。众人拾柴火焰高，正是因为有同伴的鼎力相助，我才能顺利地出版了本书。

在此，我要向那些关心、帮助和支持我的人及机构，表达诚挚的谢意！

首先，我要感谢我亲爱的妈妈，她将我抚育成人，为我奉献了一切。同时，我也感谢大姨和四姨给了我无微不至的关怀和照顾。

其次，我也要特别感谢彭嘉荣 Benny。Benny 是宇沃资本上海的

CEO，他工作非常繁忙，平时需要负责公司事务的方方面面，但这次一如既往地付出大量时间，深入参与到本书的创作过程中。对 Benny 的投入与付出，我表示由衷的感谢。

接下来，我要感谢的是孙莉 Christine。从最初的内容策划开始，到一次次对架构的探讨交流以及对内容的调整和改进，Christine 总是能忠实地记录下每一段讨论，并且提出具有建设性的意见，给了我很多启发，使得我能更清晰地表达出自己的想法，把书打磨得更好。对她的投入和帮助，我也表示衷心感谢！

同时，我也要感谢整个宇沃资本团队。正是有了每一位的付出和协助，本书才能以现在的姿态呈现在每一位读者面前！

我还要特别感谢姜海涛，他是我在中国出版界认识的第一位朋友，有着极其丰富的出版经验。也正因为海涛的倾力相助，才使得我能顺利地迈入文字出版的大门，并且少走很多弯路。

非常感谢中国大百科全书出版社社长刘国辉、总编室主任胡春玲、百科·万象工作室负责人陈光、本书策划编辑刘嘉等。他们不仅拥有深厚的从业经验，把握住整个出版流程的大局和关键；也在策划定位、内容编辑、发行推广上给了我许多好建议；更重要的是每一个人都拥有细致认真、严谨负责、精益求精的工作态度，让我印象尤其深刻。

在连续出版这几本书的期间，我既结识了很多新朋友，也和很多老朋友有更深入的互动。大家对我的关心和指点让我非常感动，在此一并致谢：樊登读书创始人樊登、罗斯福中国投资基金总裁谢丞东、北京大学国家发展研究院 BiMBA 商学院联席院长及管理学教授杨壮、清华大学经济管理学院营销学博士生导师郑毓煌教授、营创学院首席执行官苏丹、拙见创始人兼总策划田延友、嘉御基金创始人兼董事长卫哲、胡润百富总裁兼集团出版人吕能幸、十点读书创始人林少、彭成集团董事长彭伟宏、启德教育集团首席执行官金冉、启德教育集团高级副总裁郭蓓、启德教育集团前首席执行官黄娴、个人成长作家及张德芬空间创始人张德芬、TutorGroup 集团创始人及首席执行官杨正大博士、上海东方电台著名主持人方舟、中央电视台栏目主编阴丽萍、中国国际电视台著名主持人田薇、凤凰卫视《一虎一席谈》制片人任永力、凤凰卫视著名主持人胡一虎、东渡企业管理公司执行总裁姜大伟、基强联行董事局主席陈基强、上海倦鸟思林品牌管理有限公司董事长高峰、简书版权中心副总裁刘庆余、钟书阁副总经理贾晓净……要感谢的人还有很多，但是篇幅有限，不能一一列出，请大家见谅。

我想告诉每一位看完本书的读者，当你合上它的时候，那只是人生征途的又一个起点。在终身学习的过程中，我非常希望能够和所有读者建立长期的互动与沟通，如果你有读完书后的所想所得，以及想要咨询的问题，都可以与我分享。

欢迎想携手一起终身学习的朋友加入进来！找到我的途径有很多：添加小助理的微信（ID：Huangzhengyu_EGC），关注微信号“黄征宇”（Huang_Zheng_Yu）、微博（ID：黄征宇 _Z）、抖音号（994760579）。

微信公众号

我把最后的感谢留给认真读完本书的读者朋友，希望每个人都能在改善自己的思维故事、迈向合格领袖的过程中有所收获，达到真正的内外成长与自我突破，期待与你的联系。

微信小助理